創見文化，智慧的銳眼
www.book4u.com.tw　　www.silkbook.com

創見文化，智慧的銳眼
www.book4u.com.tw　　www.silkbook.com

絕對成交

Every Deal

最實戰有效的銷售訓練經典

創富教育首位華人導師 **杜云生** 著

Sales Questions that Close Every Deal

成交一切都是為了愛

你們好，我是金氏世界紀錄、全世界最偉大的推銷員——喬·吉拉德（Joe Girard），今年86歲！

我曾創下連續12年平均每天銷售六台汽車銷售量的紀錄，至今無人能破，成為人類歷史上的第一而且是唯一，我也在全世界教導別人如何讓自己成為第一名！

我在全球見過無數各行業的第一，他們都有一個特質，那就是他們都和我一樣深信——成交一切都是為了愛！身為世界第一，別人可以拒絕我的產品，但他們拒絕不了我對他們的愛！請相信我，愛真的能成交一切！

現在我想向全球渴望成功的人士介紹一個經典案例：

一名窮困潦倒但不服輸的20歲年輕推銷員，立志成為世界第一的推銷員，他聽說了我的故事，但他連買票進場聽我演講的錢都沒有。

他身上僅有的錢，只夠購買我的書籍《如何成交》，於是他在家日夜苦讀，鑽研我的成功祕訣。

在他25歲時，竟然進入月收入七位數的行列，成為創富教育課程的全世界第一推銷員，多年之後他來到現場聽我演講之時，已經徹底扭轉了命運！

但我依然與他互不相識，直到有一天，他打電話給我，在電話那頭推薦他的著作 **《絕對成交》**，因為我是全世界最偉大的推銷員，要我為其寫序，這似乎對他來說是太困難的一次推銷了，即使只是一本書，即使他

很優秀，不是嗎？

　　不可思議的事情發生了，在電話中，我聽他說著他的成功故事是因我的一本書而起，又在電話中將我的書中內容與演講內容幾乎全部複述了一次，他在向我證明他是我全世界最好的學生，同時他說這本**《絕對成交》**正是將我的畢生精髓再次演繹傳授給全世界的一本書及課程，同時**《絕對成交》**的銷售量早已在華人地區成為最暢銷的經典教育品牌了，Oh my god！他說我是他這本書最重要、最高的精神支柱，因為愛這個世界，他說喬‧吉拉德（Joe Girard）必須推薦這本書，才能讓他將世界最偉大的銷售精神普及全人類！你說，我怎麼可能拒絕他呢？他成交了！

　　我身為世界第一，我似乎看見了另一個我自己，我推薦全世界每個想要成為第一的人，都要學習**《絕對成交》**，因我知道這裡面傳承了我成為第一的祕訣，有他傳奇致富的全部本事，更能讓你成為下一個世界第一！

　　因為愛，推薦此書，因為愛，我要介紹你們也成為這本書的讀者，因為愛，我期待透過此書來傳承我的世界第一推銷員精神！

　　學習喬‧吉拉德，成為世界第一，學習此書，你將超越世界第一！

世界銷售紀錄保持人
喬‧吉拉德

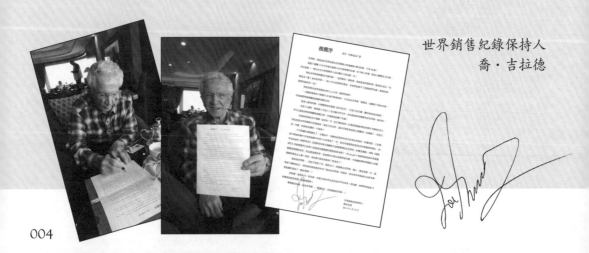

成功人士的致勝關鍵

　　我在演藝界奮鬥的日子中，深深瞭解人與人之間的溝通比任何的才藝更重要！

　　我在政界為民服務的生涯中，更加體驗到良好的溝通術才是創造政府與民眾雙贏的關鍵！

　　半個世紀的人生閱歷，讓我相信了與他人溝通、成功行銷自己是所有成功人士的致勝關鍵。

　　關於杜云生老師，我所瞭解的是他致力於提供個人與企業成長方面的教育工作，也樹立了自己的品牌。聽說當初他從台灣過去大陸的時候，默默無聞、窮困潦倒，但現在卻也搖身一變成為創業奮鬥者的成功典範，這當中的心路歷程很值得大家探討與學習！

　　言談中他提到想將他在對岸18年的教育課程帶回台灣，希望為台灣注入新的動力和競爭力，我更是樂觀其成，祝福杜老師的新書理念能夠獲得讀者的迴響！

我的台灣情緣

對於一個高中退學生，在街頭擺地攤失敗，在便利商店打工的窮小子而言，我曾經以為擁有住不完的億萬別墅，開不完的千萬名車，享受不完的豪華生活，工作在掌聲與喝彩之中，就是夢寐以求的成功了！直到這一切夢幻成真多年之後，我卻一直在尋找一個答案，難道人生真的就只有這樣嗎？

自從2013年應邀回到闊別18年的家鄉──台灣演講的時候，雖然台下只坐了不到二十人，心中卻發現我這個職業演說家竟然出現了十多年未曾有過的緊張感，這才發現，台灣，這個地名對我而言是一個特殊的意義，它帶給我一種前所未有的特別感受！我發現我新的使命與挑戰在召喚我了！

不算是衣錦還鄉的榮耀感，也不算是開發市場的征服感，應該說是感受到自己肩上多了有一種難以置身事外的責任感，在海外成長歸來的我，能在自己的原鄉幫助一群熟悉又陌生的台灣同胞，讓他們也能再次擁有一個值得再次奮鬥的創富夢，是多麼有意義的事業，是多麼神聖的使

命，是多麼令人激動的新成功目標，請原諒我難以形容這種奇妙的感覺，總之，我感受到了這才是我要的成功！

自從2013年回台演講四次以來，我已經不再覺得自己過去的所謂的功成名就，算是什麼偉大的事蹟了，我找到了新的動力與夢想，那就是我要用我的創富教育，帶動台灣重塑競爭力，找回屬於我們的尊嚴與價值，這很難，也很像唱高調，但我真的發現，我離開18年在外得到了許多，而這18年，台灣似乎卻失去了更多！

心中感觸無限地出版這本**《絕對成交》**，寫下了一篇抒發情感的序言，目的是想表達我對台灣讀者的敬意，**《絕對成交》**是我最重要的能力，也是我最重要的一本成名著作，但這也只是成功者的基本功而已，若能夠對您有一點點幫助，都是我的榮幸，未來我會再加倍努力為我的承諾與使命而付出更多！我會因為在台灣的成功而感受到真正有意義的成功！

我非常感謝父母支持我回台演講與發展，萬分感謝從小到大我最棒的聽眾——胞弟云安在台灣為我牽線搭橋，他功不可沒，還幫助我認識台灣的貴人曼甄姐，沒有她的無數個日夜無私奉獻，這本書就不會出現在你們面前，是她再轉介紹我認識更重要的貴人——采舍國際的王擎天董事長，這本書才能這麼快引進回台灣，還有辛勞的總編輯歐綾纖小姐及主編蔡靜怡小姐，她們的細心與才華讓本書更上一層樓，這故事背後還有我十

年前的學員景雲，十五年的好友豪澤，反敗為勝的企業家呂益金董事長，2013年的首批學員們給我的信心，這本書才會誕生在台灣書市！

　　最後，感謝貴人歐陽龍先生力挺我而寫的推薦序，讓台灣學員更加信任我，感謝86歲高齡的世界銷售紀錄保持人──喬‧吉拉德（Joe Girard）用他的名譽傾情擔保推薦我，讓全球成功人士更信任我，我不會讓你們失望的！

　　一個曾經只有高中學歷的人，卻因為講授三天**《絕對成交》**國際課程後，被Naion University of USA聘為客座教授及博士生導師；一個曾經負債累累的年輕人，卻因為三天**《絕對成交》**國際課程而在25歲時月收入超過百萬；一個無家可歸的人，卻因為三天**《絕對成交》**國際課程而可以靠房地產獲得巨大的收入，獲得財務自由；一個曾經窮得連飯都吃不起的人，卻因為三天**《絕對成交》**國際課程而成為靠個人和他的影響力每年捐助社會超過千萬的慈善家；一個當初靠借錢去聽演講的窮小子，卻因為三天**《絕對成交》**國際課程而成為聞名中國的教育演說家、富人的導師；一個創業失敗公司倒閉的人，卻因為三天**《絕對成交》**國際課程而成為六家創富教育企業的擁有者。這一切聽起來似乎有些不可思議，但它卻真實地發生在我們身邊，而故事中的那個年輕人，其實就是我自己！

　　到底什麼是**《絕對成交》**國際課程？

　　今天這一切的改變，都是由於我發現了一個秘密，那些白手起家成為億萬富翁的人、那些各行各業擁有最高收入的人，竟然無一例外地將他們的成就歸功於他們學會了一項技能——**成交**。我開始複製金氏世界紀錄保持人，全球最偉大的業務員喬·吉拉德、全球第一的銷售訓練大師湯姆·霍普金斯、世界上最會銷售的500強企業之一的全錄公司、全球房地產銷售狂人，一年銷售超過600套房子的洛夫·羅勃茲、歷史上最偉大的保險業務員，一年銷售10億美金的甘道夫、全球最偉大的催眠大師，透過電視一次催眠500萬人的馬修·史維等歷史上各行業排名第一的銷售冠

軍的成交模式，而這些創造世界傳奇的偉大原理，全都收錄在三天**《絕對成交》**國際課程中，而且已經完全被公開出來，保守估計已經在世界上直接協助大師和世界冠軍們創造出至少300億美金收入的課程，**《絕對成交》**國際課程現在在華人社會中的傳承任務儼然已經降臨在我的身上了，身負歷史使命的我感到任重而道遠。

現在你手裡的這本**《絕對成交》**可能是迄今為止世界上最完整的成交祕笈了，它可以幫助你完成任何你想完成的夢想，因為它給你的是一套解決金錢問題的方法。「銷售=收入」這句話，請你仔細地想一想，便知道這一系列的技術可以為你帶來什麼樣的改變，它改變了我的一生，同樣對你也會有幫助，不要忘記這是世界第一銷售冠軍們共同的見證和300億美金的收入而創造出來的鐵的事實。

未來，當你獲得了奇蹟的時候，別忘了將這歷史上珍貴的資產分享出去，將偉大的火種蔓延開來，也別忘了將金錢的火炬傳承給更多的人，因為這**《絕對成交》**國際課程不應由我個人獨享，應該給更多人去改變這個世界。

《絕對成交》國際課程等著你來接棒。

目錄 CONTENTS

目錄
CONTENTS

第4章　問對問題賺大錢

第5章　輕鬆化解顧客的抗拒或不買的理由

第6章　洞悉顧客最常用的十大推託藉口

第**7**章 巧妙破解顧客的十一大抗拒點

第**8**章 邁向巔峰的成交絕技

第 **9** 章 **十大必殺成交絕技**

第 1 章

成交你自己

Sales Questions
that Close
Every Deal

銷售是所有成功人士的基本功

世界級的管理大師湯姆・彼得士說過這樣一句話：「領導等於銷售。」任何成功，都是銷售的成功，無論是政治、文化、教育、科技、著作、財富、藝術、發明，這個世界上各行各業所有最有成就的人，他們的成就都來自銷售的基本功。換句話說，**銷售是各行各業成功人士的基本功。**

李嘉誠在16歲的時候，從業務員做起；18歲的時候，被老闆提拔為業務經理；20歲的時候，老闆提拔他當總經理。20歲就能當上公司總經理，這在任何行業裡都是極少見的。而且當時李嘉誠不是自己創業當總經理，而是別人提拔他當公司的總經理。可見他的銷售技能足以幫公司創造龐大的業績和利潤，公司才會對他有這麼大的信任。他在這家公司做了兩年的管理職後，正式創辦長江實業公司。22歲的他成功創業之後，奮鬥了幾十年，如今成了世界華人首富。

有人問他致富的祕訣是什麼，李嘉誠說是因為在他十幾歲的時候就學會了銷售技巧，他說銷售技能即使有人花兩億元向他買，他都不願意賣。事實上，一個人如果能把東西賣出去，他就等於已經具備了所有成功人物必備的素質了，這裡面包含有很多技能，例如，要懂得顧客的心理，要能擅用人際關係，要有口才和說服力，……這些並不是一朝一夕就能學

會，更非用錢就能買到，是要靠一點一滴累積學習，才能達到運用自如。

所以有非常多的企業家在創業的初期都是自己親自做銷售。當他們的銷售技巧磨練到很好的時候，實際上他們的公司就已經有了一個很大的生存空間或者說成長環境，對於這一點很多知名的企業家、總裁都是很清楚的。

正因為他們當初是從業務員做起的，所以他們在提拔人才的時候特別會觀察哪一個員工對於公司的業績、營業額特別有貢獻，特別擅長銷售，而這個擅長銷售者通常會坐上下一個主管職的位子。因此很多企業家在子女學成歸國之後，未必會直接讓子女擔任管理職，通常都會先安排他們從市場做起，當他們了解市場之後，才會再進一步讓他們來管理企業，這樣才能使企業穩健發展。畢竟一個企業的銷售部門，是帶來現金收入、營業利潤的一個重要部門。

日本的經營之神松下幸之助是從業務員做起的，而被譽為臺灣「經營之神」的王永慶也是業務出身的，國泰金控創辦人蔡萬霖也從銷售做起。比爾·蓋茲大學二年級就斷然決定休學，創辦微軟公司之後，也是從銷售開始做起，推銷他的軟體，到處去找客戶談合作、簽合約。世界上的各行各業，幾乎每一個最有成就的人都是從銷售做起的。

創業成功最重要的技術之一是銷售技術（銷售技巧是成功的獨門武器）。銷售最重要的目的就是「成交」，除了「成交」其他一切都不算是真正產生收入的關鍵。大多數業務員或者是銷售人員都花了很多時間在拜訪客戶、整理名單打電話，他們花了很多時間去跟客戶交流，他們的目的只有一個：成交。但很多人忘記了「成交」這個動作，或者是不擅長這個

動作，導致他們之前做的很多動作都白做了，造成了很大的浪費。

世界管理大師彼得‧杜拉克（Peter Drucker）曾說：「除了創新和行銷，其他的一切都是成本。」創新就是創造了一個新的趨勢、新的潮流，創新是改革過去舊的產品，所以創新能帶來一個企業飛躍的發展。

而行銷當然也包含了銷售，銷售最重要的關鍵當然就是成交。一個企業花了很多的時間在成本上面，費了很多功夫，投下許多資金和投資，但是，卻沒有在真正帶來利潤的銷售成交這部分下功夫，這可能就本末倒置了。所以不論管理有多重要，也不論財務控管有多重要，成本控制有多重要，人力資源有多重要，現在管好維持企業生存必備的最重要的能力——就是銷售技巧。這才是關鍵中的關鍵。

有一次我聽《富爸爸‧窮爸爸》的作者羅伯特‧清崎的演講，他在世界上推廣財商教育，掀起全球「理財熱」，他告訴每一個人，想要賺大錢成為億萬富翁，獲得財務自由，必須具備財務知識。所以他開發了一套現金流的遊戲，創造了一個財商的網站，出了一系列財商的書籍。他在演講的時候，特別強調一句話——**銷售等於收入**。

他就這麼直接地告訴你，除了銷售會有收入，其他的一切都不會帶來收入的。

他一生當中有兩個爸爸：一個是他的親生父親窮爸爸，是政府公務員。另外一個是他朋友的父親，是夏威夷當地的一名富翁。他把那位富翁稱為他的富爸爸，因為他跟他最好的同學從小就常一起讀書、玩耍，還常常跟他同學的父親請教如何致富、做生意創業賺錢的知識。從小他的富爸爸就教他許多關於錢的知識，直到大學畢業，他的富爸爸對他說：「假如

你真的想要成為一名創業成功的富商的話，你必須先去從軍。」他問為什麼我要去當軍人呢？富爸爸說：「因為一個創業成功的企業家，必須擅長領導力，假如你能在軍隊中磨練幾年，你會學會真正的領導力。因為在軍隊中領導力相當重要，你必須讓每一名士兵服從你，你必須在極高的壓力下還能夠思考，你必須在槍林彈雨當中、在空中駕駛戰鬥機的時候，還能夠保持冷靜的思考，做出正確的判斷，這就是一種領導力。軍隊是最佳的磨練地方，而學校教不了領導力，學校最多只能教你管理的知識，領導力你要去戰場上取得。」於是他聽從了富爸爸的建議。當了幾年的兵之後，學會了一定的領導能力。富爸爸這時又建議他必須先去一家大企業當一名業務員。他說：「我是要當老闆的，為什麼你又要叫我去當業務員？」富爸爸說：「如果你願意從一名業務員做起，能在市場第一線跟客戶交談，賺取豐厚的業績，成為公司的銷售冠軍，你就有資格當老闆。」

　　於是他去全錄公司（Xerox Corporation）面試，全錄公司是銷售事務機器也就是影印機之類的企業。剛開始的時候，他曾經在一整年當中備受打擊，飽受嘲笑與拒絕，但是他始終記得富爸爸給他的教誨——沒有成為銷售冠軍，是不夠資格當老闆的。於是他在三、四年之後，終於成功坐上全錄公司銷售冠軍的寶座。之後，他就立刻辭職了。

　　他又去問富爸爸：「當初您叫我從軍，我就去從軍，當初您叫我去當業務員，我也做到銷售冠軍了，我可以開始創業了嗎？」

　　「沒問題，你可以開始創業了。」

　　在創業過程中，他發現，領導能力跟銷售技巧是他創業成功最重要的兩大技術。

生命中最重要的兩件推銷

正如前面提到過的世界管理大師湯姆・彼得士（Tom Peters）所說：「領導等於銷售。」任何成功都是銷售的成功，這句話放諸四海而皆準。而銷售最重要的目標就是要成交，也就是說領導者也要會銷售，因為這樣他可以成交人才，他可以把他的觀念推銷出去，而業務員就更不用說了，他必須成交顧客，他需要帶回更多的金錢回報。而我們需要學習和掌握而且是最基礎的銷售技術，是先要了解世界上最重要的一位顧客到底是誰。如果你想要絕對成交，你要先分清誰是顧客，分清顧客要先從最重要的開始找起。最重要的那位顧客到底是誰？很多人都說是我的大客戶，是我的家人，是我的一位好朋友，其實**世界上最重要的一位顧客是你自己**。

★ 先把你自己推銷給你自己

當你自己都不願接受你自己的觀念，當你自己都不相信你自己講的話，如果你自己都不願意用你所推薦的產品的時候，你是不可能將東西推銷給任何人，讓任何人接受你的觀點。換句話說，你需要先推銷給你自己，你要先問問自己，我願不願意相信自己所說的每一句話，我願不願意購買我將推薦給別人的每一項產品。除非你正在銷售的產品是屬於比較特

殊的，例如：飛機等一般個人不可能購買的產品。只要你推銷的東西你認為是人人都需要的，那你自己就應該是最好的那位顧客。如果你自己是世界上最重要的一位顧客，你現在生命中最重要的兩件推銷的其中之一是：

要先把你自己推銷給你自己。

有非常多的業務員，他們自己都不認同自己，不相信自己會成功，都不覺得自己是最優秀、傑出的，也不覺得自己是別人心目中優秀的業務員，所以他們以非常低的自我形象，以非常自卑的狀態在做銷售。但事實上，是沒有人願意跟一個不相信自己的人買東西的。

有一次我去聽世界上最偉大的業務員喬·吉拉德先生的演講，他曾經在最失敗落魄的時候當過扒手、當過小偷，而且失手被捕。三十五歲之前他依然一事無成。

有一天他遇到了一個機會，開始了銷售汽車的工作。賣汽車的第一年裡，他的運氣一點都不好，一整年賣不到四台車。有一天一個機緣，他去參加了一個銷售訓練。透過這個課程的訓練學習，他了解到一個觀念：原來世界上最好的產品，不是他賣的雪佛蘭汽車，世界上最好的產品是他自己。

從那以後，他大量地向別人推銷他自己，他經常在遇到陌生人的時候發名片並說：「您好，我叫喬·吉拉德。」他發現一次發一張太慢了，乾脆一次發一盒。「您好，我叫喬·吉拉德，這一盒名片送給你。」說完他就把一盒名片送出去。所有人拿到名片都嚇一跳說：「你給我一盒名片做什麼？」他說：「我希望您記住我叫喬·吉拉德，所以我的做法跟別人也不一樣。我一次給您一盒，如果您覺得用不上的話，也請您不要丟掉，

您可以把它給需要買車的人或者是將來您幫我發給那些陌生人，讓他們也認識喬‧吉拉德。」當喬‧吉拉德說完這番話的時候，很多人對他真的是印象深刻。有喬‧吉拉德出現的地方就會有他的名片，他在吃飯的時候、在看電影的時候、在打保齡球的時候……在他所到之處的消費場所消費完之後，都會放一盒名片，告訴別人我叫‧吉拉德。最有趣的是：有一次他去看橄欖球比賽。所有的球迷坐在觀眾臺上，看到自己心愛的球隊進球之後，都會跳起來歡呼，喬‧吉拉德也會跳起來歡呼。他一邊跳起來歡呼一邊撒名片、很多人在天空中看到名片撒出來了，一看怎麼又是喬‧吉拉德，甚至在離場的時候發現，整個地上全是喬‧吉拉德的名片。這樣的舉動很難讓人不對他印象深刻，覺得若是要買車就要跟這個人買，因為這個人很特殊，而想和他交朋友，認識他到底是誰，所以就主動找他買車。

　　一個人對自己充滿自信，所以能引來別人對他的信任。一個人要先接受你自己，要先喜歡你自己，你才能把自己推銷給別人。所以喬‧吉拉德說了一句名言，**他說：「我賣的是全世界最好的商品，不是汽車，而是我自己。」**

　　我們每個人在心裡把自己定位在什麼樣的一個位置，至關重要。

　　世界拳王阿里在每一次出場打拳的時候都會在更衣間對自己說：「我是最棒的，我是最好的，我是最優秀的，我是無敵的，我能夠在第一回合就擊垮我的對手，沒有人可以擊敗我。」當他不斷地對自己說這樣的話，自言自語的時候，記者同步抄下這些話，並且採訪他，還拍了很多照片，當時還覺得這個人怪怪的，像神經病一樣自言自語，可是拳王阿里在每次出場的時候，幾乎都是在第一回合就把對手打趴下了，所以他戰無不

勝，攻無不克。

有一次，拳王阿里出場的第一回合竟然被對手給打趴下了，當他被送到醫院，甦醒過來的時候，他說：「這一次我忘了在更衣間裡面對自己自我激勵說我是最棒的。」當他一把自我形象給降低或是忘掉的時候，他就被對手給打倒了。

所以親愛的讀者朋友，當你讀完這本書的時候，你到底能學到什麼東西並不重要，最重要的是你能不能開始接受這個觀念，並認為甚至堅信你是最優秀的。你要告訴你自己你是昂貴的，一般人是絕對沒有辦法跟你比的。當你對自己有這樣的認識的時候，你已經做到了第一件推銷：「把自己推銷給自己。」

★ 要把「推銷」銷售給你自己

生命中最重要的第二件推銷，是要把「推銷」銷售給你自己。

什麼叫把「推銷」銷售給你自己？我發現很多人在找工作的時候，喜歡填寫當秘書，當行政人員，對於那召募業務員和招聘銷售人員的人事廣告時，很害怕甚至很反感而怯步。如果某企業預計要錄取一百個人，我相信其中有八、九十人都是想應徵行政人員，很少有人想做業務員，因為大多數人害怕銷售、排斥和拒絕銷售，或者是不願意做業務員。

大多數人對推銷這個動作本能地抱持反對意見，他們可能害怕去做推銷，也害怕別人推銷東西給他們。當你一有這種想法的時候，是不可能成為一名傑出又優秀的業務員的。首先你要把推銷的觀念給改過來，你要先愛上推銷，你必須接受推銷，如果你要喜歡推銷，你必須把推銷當成是

非常快樂的事情。當一個人做一件事情有痛苦的感覺時，代表他是不想做那一件事情的，相反地，如果一個人做這件事情是感覺快樂的時候，代表他是非常樂於做這件事情的。

把一件事情聯想成快樂，他就願意去做那一件事情，一個人把一件事情聯想成痛苦，他就不願意做那件事情。換句話說，你一切的行為都是快樂和痛苦的力量在控制的，你必須把銷售當成是快樂的事情，你才能把銷售工作做得出色，你才有可能變成銷售冠軍。

在我所認識的那些銷售冠軍、我所學習的榜樣楷模和我自己身上，我都看得到銷售等於快樂這樣的感覺。我覺得銷售是正確的，銷售是天經地義的，銷售是理所當然的，銷售是成就感，銷售帶來的是滿足感，銷售就是一切，銷售更等於收入。

當我們在心目中不斷地這樣想的時候，我們當然是分分秒秒、時時刻刻、隨時隨地都想做銷售。

而你為什麼在拿起電話打給顧客會害怕，你頭腦可能在想我要撥給張三先生，但是一想撥給張三的時候，腦中又立即浮出──最好不在、最好不在、趕快掛掉，不在就好。為什麼會這樣想？因為你害怕被張先生拒絕。

很多人拜訪客戶的時候，一邊按著電鈴，一邊心裡想的是最好不在、最好不在，在門外等沒幾分鐘就走掉了，為什麼？因為他們怕被門裡面的那個人給拒絕。

很多人在介紹完產品開始要進入簽合約的階段時，內心一方面很想要求成交，一方面卻在害怕、擔心，不停地冒冷汗，嘴巴講不出話來，或

是講出話來結結巴巴，手上拿著筆也不知道該怎麼寫。為什麼會出現這種情況？這是因為你對成交懷有恐懼感，你怕被別人拒絕，你怕被別人懷疑，你怕被別人誤解，你怕沒面子，你怕丟臉。

其實筆者在這裡要告訴讀者的，不是怎樣銷售產品，而要如何改正你的心態。那就是——**第一，把自己銷售給自己；第二，把「推銷」銷售給你自己。**

一般人不願意做銷售的五大誤解

很多人不願意做銷售，究其原因，主要存在著以下五大誤解：

一、很多人認為做銷售沒有保障

很多人認為做銷售沒保障，是因為銷售人員的薪水大部分都是從他自己所做的業績中取得。而找一份穩定的工作朝九晚五，感覺會比較有保障。我在第一次做銷售工作的時候，我問我們經理這份工作有沒有保障底薪，經理告訴我有臺幣15000元，那時心裡感覺真的不錯。

當時我連續推銷了十天，一套產品都沒有賣掉，因為經理曾告訴我，我們這份工作有15000元的底薪，所以我就想繼續堅持到發薪水那一天，等領到薪水，我再不做。我當時的想法真的很天真：不用賣半套產品就可以領到15000元的薪水了。結果在做了三十天之後我去領薪水，經理問我：「你來幹什麼？」

我說：「領錢。」

他說：「領多少錢？」

我說：「這一個月我一共賣掉了一套產品，這一套2000元，我可以提成800元，所以我的底薪15000元加提成800元，我可以領15800元。」

經理說：「你有沒有搞錯，你一個月就只賣掉一套產品，交回公司2000元，你怎麼可以領走15800元呢？」

我說：「經理你不是跟我說過我們這份工作有保證底薪15000元的嗎？」

他說：「是有保障底薪15000元，你知不知道保障底薪15000元，是必須先銷售掉30套產品，賣掉基本責任額30套，才能領基本薪資15000元。第31套開始才能領800元提成。」

經理說完這番話我覺得很不合理，就和他理論了一番。

我說：「賣掉30套，一套2000元，等於說我交給公司6萬元，公司才發給我15000元，這哪叫保障底薪，這是一種提成，只是換一種說法而已。」

結果經理說：「沒錯，你非常聰明，這是一種變相的說法，可是你要知道，全世界每個人領的都是提成。」

我說：「你吹牛，明明秘書領底薪，開車的司機領底薪，掃廁所的阿姨領底薪，你怎麼可以說每個人都在領提成。」

他說：「表面上看來他們好像在領底薪，可是你知不知道他們的底薪是怎麼來的？他們的底薪也是從顧客買產品的業績當中，提出一點點利潤來發給他們底薪。如果一家公司持續沒有業績、沒有營業額，哪來的錢發薪水，底薪還發得出來嗎？」

「當然是發不出。」

「不但發不出薪水來，沒把你裁員就不錯了。為什麼這麼多大企業倒閉、發不出薪資或是裁員、放無薪假，就是因為沒有業績，公司沒有賺

到利潤。」

我當時一聽覺得有點道理，但心裡很不服氣，我問經理一句話：「經理，表面上看來每個人好像都是領從公司的利潤當中提出來發給他的底薪，可是為什麼我就必須去銷售我個人的業績才可以領到我的保障底薪，而那些行政人員他們都不需要去銷售他個人的業績就可以領到他們的保障底薪了，所以不一樣就是不一樣。」

經理說：「你非常聰明，我想問你一下，你想當金字塔上層的人還是下層的人？」

我說：「上層的人。」

他說：「你想當人上人，你要先跟人上人學習，那些頂尖人物，他們是靠底薪致富還是靠創造業績的提成來致富的？」

我說：「那應該是創造業績的提成。」

他說：「那你想跟他們一樣，你就要做跟他們一樣的事情，你必須靠利潤來賺錢。底薪、底薪，什麼叫底薪？底薪就是底下的人領的薪水，秘書領底薪，開車的司機領底薪，保全領底薪，他們都領了好多年了，所以，他們還是處於公司的基層的人員。」

經理告訴我，他從進公司第一天就沒有領過底薪，他全靠抽成，所以他的收入越來越高，甚至步步高升當上部門主管，還開了分公司。他不但不領底薪，他還有能力發薪水給別人。換句話說，他賺大錢是因為他做了跟人上人一樣的事情。我當時聽了恍然大悟，其實我真的在進公司第一天開始就在混水摸魚。記得我進公司的第一天，就拿著兒童百科全書跟同事喊了三聲加油、加油、加油、衝啊。衝到哪裡？衝到社區裡面去，挨家

挨戶去敲客戶家的門。可是我敲了幾聲之後，裡面一個聲音回答：「誰呀？」

我說：「我是推銷百科全書錄音帶的。」

裡面的聲音說：「不用了，我家有了。」

我想既然對都說有了就拜訪下一家，又敲一家。對方問：「誰呀？」

「我是推銷百科全書錄音帶的。」

他說：「不用了，我家有了。」

我想那就不勉強，就再拜訪下一家。

「誰呀？」

「我是推銷新產品的。」

「不用了，我家有了。」

我說：「我連賣什麼都還沒有說，你就說你家有了？」

他說：「不管你賣什麼我家全部都有了。」這時，我才發覺到，一般人都不喜歡業務員。

第四家，我想再試一次。我就把東西拎在手上，先不直接說我是來推銷的。

我說：「大姐您好，我有急事，您快開門。」你猜這個大姐開了沒有？開了。開了以後她看到我手上拿一包東西，她就關上門了。原來一般人真的很排斥業務員。該怎麼辦？

拜訪下一家時我說：「大姐您好，我有急事，您快開門。」我記得當時我把產品偷偷地藏在樓梯口，身上只帶著一袋百科全書的錄音帶，先

不讓對方知道我是業務員。她果然開門了。用不同的方法去做同一件事情，果然會有不同的結果。但是她開了門之後，我下定決心非要進去不可。我把門推開來走進她的屋子裡面，再把門關上。我下決心一定要在她面前介紹產品二十分鐘不可。實際上我在裡面待了兩小時。你一定會覺得我很優秀是不是？你錯了，這兩小時從頭到尾，都是她在推銷她的產品給我，她跟我分享她的產品有多好，要我買一套。她說她正要出門拜訪顧客，剛好我就上門了。你看到沒有，我好不容易進去了，又遇到銷售高手跟我反推銷了。所以當時我在奪門而出之後，想了想自己一個早上陌生拜訪了六家，都沒有人要買我的產品，甚至被反推銷，怎麼辦？

於是我跑去一個沒有人會拒絕我的地方，我一推開門，每一個人都對我說「歡迎光臨！裡面請！」那個地方叫麥當勞。我到了麥當勞點了一杯可樂，一包薯條坐下來，一坐就坐到下午三點，再也不想去拜訪客戶了，我內心的挫折感實在太深了。回到公司我就騙經理：「報告經理，我今天很努力，但就是賣不掉。」

經理對我說：「再接再厲，繼續努力，成功者不放棄，放棄者不成功，堅持到底，你一定會取得勝利。」

當時經理鼓勵了我之後，還叫我明天早上一定要來開早會。所以第二天早上我又去開早會，早會開完又喊了三聲：加油！加油！加油！衝啊。衝到哪裡？衝到麥當勞。因為我心裡的那個挫折感還是很深，我還是一家都不想去拜訪，那天又坐到下午三點，回公司又騙經理。我騙經理騙了兩天了，這當然不是一個業務員正確的做法，但就是有好多人會這樣做，為什麼？因為害怕被拒絕，於是在外面混水摸魚，表面上看起來好像

很辛苦，實際上他並沒有真正在拜訪客戶。

第三天早上我又到了公司，開完早會喊三聲：加油！加油！加油！衝啊。衝到哪裡？衝到肯德基。我還是在肯德基坐到下午三點。我記得當時我又回公司騙經理：「報告經理我很努力，但是怎麼都賣不掉。」經理還是安慰我說：「沒關係，再接再厲繼續努力，成功者不放棄、放棄者不成功，堅持到底你一定會取得勝利。」

當時我就這樣子天天跑到餐廳打發時間，甚至會回家睡覺。就這樣十天過去了，我當然一套都沒賣掉。我問經理，我們這份工作有沒有保障底薪？

經理告訴我有15000元，我心裡還想混水摸魚，騙公司的底薪15000元。其實就算經理不發給我15000元這是對的，因為我沒有賣掉產品，我內心深處明白得很，但是我當時還是不想面對。

我記得第十一天開始到二十天的過程當中，我都沒有去賣產品，一個客戶也沒去拜訪。就這樣子過了二十天，經理好意提醒我說：「再賣不掉產品就很危險，再賣不掉的話你就有可能會遇到不好的事情，請你一定要賣掉。」我說：「經理，沒辦法，賣不掉就是賣不掉，產品太貴了，培訓不好，市場上不接受，公司宣傳力度不夠大……」我找了一大堆理由為藉口，經理這時問了我一句話，他說：「那個人跟你同一天進來，已經賣掉了30套。那個人比你還要晚進來，賣掉20套。每一個人都賣掉產品了，為什麼你賣不掉？他們賣的產品還是價格和你不一樣嗎？」

我說：「一樣。」

「公司宣傳一不一樣嗎？」

「一樣。」

「培訓一不一樣嗎？」

「也一樣。」

「那到底是誰不一樣？」

我說：「當然是我自己不一樣。」

同樣的國家，同樣的環境，同樣的教育，但是有人成為億萬富翁，有人流浪街頭要靠政府救助，到底誰不一樣？是你自己不一樣。同樣的公司、同樣的背景，同樣的文化、同樣的教育，同樣的價格、同樣的培訓，有人成為銷售冠軍，有人卻成為賣不掉產品被市場淘汰的業務員，是誰不一樣？當然是自己不一樣。同樣的學校、同樣的老師，同樣的校長、同樣的課本，有人考上大學成為第一名，有人考不上大學被學校退學，是誰不一樣？當然是自己不一樣。

當時我的抱怨被經理一一破解後，最後十天我因為面子問題，只好一天到晚去跑客戶，但還是賣不出產品，最後只好賣給我媽媽一套產品。我媽媽買了一套她不可能會聽的2000元的百科全書錄音帶。我心裡想反正經理月底付給我15000元，扣除這2000元，我還可以倒賺13000元。事實上，世上怎麼可能有這麼好的事情呢？我當時卻天真地以為賣不出產品也有底薪領，直到經理把我教訓了一頓，我才恍然大悟。

他說：「你記住，世界上沒有人可以保障你，公司保障不了你，政府保障不了你，你父母也保障不了你。只有誰才能保障你？只有顧客才能保障你。有顧客有保障，有顧客有飯吃，有顧客有收入，沒有顧客連董事長都要捲鋪蓋走人。」類似這樣的話，全世界最偉大的企業經理人

——GE公司的總裁傑克‧威爾許也曾說過。

傑克‧威爾許（Jack Welch）是誰呢？比爾‧蓋茲曾經說過一句話：假如我要學習，我只向傑克‧威爾許學習。威爾許在他上任的第一天對員工說了一段話：「顧客才能保障你，從今以後我們GE公司沒有顧客的部門，或顧客不多的部門，全部都要裁撤掉，所有人都必須走人，再也沒有終身雇用制了。」幾十年前他在美國就提出這樣的看法，在當時是多麼先進的想法。

換句話說假如你不喜歡做銷售，是因為你認為做銷售沒保障的話，其實你會更沒有保障，因為你不擅長創造顧客，你不擅長創造收入，你會更沒有保障。

銷售是世界上最有保障的工作。因為能力就是生產力，當你擅長創造顧客以後，你就會有生產力，你就會有安全感。你把我丟到世界上任何一個地方，並且拿走我的財產，拿走我的房子，拿走我的車子，拿走我的一切，但只要讓我見到人，我就能生存下來。只要你給我半年時間，我又可以淨賺五百萬。為什麼？因為我擅長銷售。這種自信與氣勢是來自你有能力了，是因為你知道你把話說出去，你可以把錢收回來，是因為你知道你只要提供顧客需要的產品，你就可以賺取豐厚的報酬。這難道不是一種保障嗎？

有一次我在開一個銷售培訓班之前，一名年輕人報名參加我們的銷售培訓班。他原來是一個銷售主管，他已經繳清了學費，竟然在開課前一天跑來要求退費。我問他為什麼要退費，他說他跟他的老闆意見不和，兩人鬧翻了，他就辭職了，既然不做了，那他就沒必要再來上這個銷售培訓

班。當時我跟他說：「你來上課我跟你保證三天後，你一定會有收穫，假如上完三天的課，你感覺沒收穫的話，我就把學費退給你。」他被我說服之後，按時來參加三天培訓課。我的課有非常多的企業家來上，課程來到第三天的時候，我要求每一個學員上臺介紹一下他自己。

當這個年輕人上臺介紹完他自己的時候，我對台上的學員說：「他本來已經繳清學費，要來上這三天的課程，在前一天要退費，因為他的老闆跟他鬧意見，他辭職不幹了，所以他認為學這個銷售技巧也沒用了。然而這三天來大家都看到他表現得有多麼傑出，在課堂上他有多麼認真，請問一下有誰願意給他一個工作機會，讓他去你們公司做銷售主管。」當時，現場有70％的老闆當場說我願意，並且在下課之後與這名年輕人交換名片，邀請他去公司上班。

當你是一名傑出的銷售高手時，你怎麼可能沒保障？經濟景氣的時候需要業務員，不景氣的時候更需要業務員，市況不好時，更需要擅長銷售的人去創造業績、創造利潤。景氣好的時候領死薪水的，還有薪水可以領，但是不景氣的時候領死薪水的就沒有薪資可以領了，他們隨時可能被裁員了，可能連工作都找不到。業務員永遠不怕不景氣，永遠不怕沒工作，銷售是世界上最有保障的工作。如果你能把「做銷售工作沒保障」這個誤解給改過來的話，接受推銷的心態就能漸漸被建立起來了。

二、感覺收入不穩定

我曾經在剛開始做銷售的時候跟我爸爸聊過，我爸爸說：「你不要做銷售，你個性內向害羞，不適合。」我說：「不對呀，就是內向害羞我

才要改變我自己。」他說你賺不到錢的，若是你改變不過來的話，你不但賺不到錢，而且會很辛苦、很累的。我說：「不對，有人可以賺到一百多萬，你知道嗎？」他說：「那是別人不是你，我了解你，你是我兒子，你不適合的。」我說：「爸爸你為什麼不肯讓我試一試。」他說：「我告訴你就算你收入增加了，也有可能會下跌，收入太不穩定了。」我說：「爸爸，就是不穩定，才有不穩定的高嘛。」他說：「那萬一會有不穩定的低，怎麼辦？」。我說：「會有不穩定的低，但也有不穩定的高。」

什麼叫不穩定？不穩定代表會有高，也會有低。會有低也會有高，所以為了賺取高收入，你願不願意去挑戰那個不穩定的收入？如果不願意的話，你永遠只能領卑微的死薪水，你永遠只能領一點點可憐的死薪水。如果你想要賺大錢的話，你要記住就是因為銷售不穩定，我們才有高收入。

三、認為做銷售求人沒有面子

為什麼你會認為做銷售是在求別人？那是因為你沒有把你自己推銷給你自己，你也沒有把「銷售」推銷給你自己，你更沒有把你的產品推銷給你自己。一個顧客會掏錢出來買你推薦的東西，是因為他覺得花了這個錢得到的產品，可以為他帶來物超所值的利益。所以，今天顧客花一千元跟你買東西，是因為他感覺買你的東西能夠為他帶來一千元以上的價值，甚至是一萬塊以上的價值。換句話說你賣東西給別人不是在求別人，是在幫助別人，是在貢獻價值給別人，付出利益給別人。你怎麼會是在求別人？

　　假如你今天買了這本書回去看，或者是買給你員工看，你們學會了這一套觀念和技巧之後，你們的業績會倍增，利潤會增加，那麼，你買這本書就是你賺到了。雖然我們獲得利潤，可是你獲得的利潤更大，怎麼會是我求你？是我幫助你，給予你更大的利益。

　　曾經有一個銷售保健用品的學員，她在課堂上問我，為什麼她的業績老是沒有起色？

　　我說：「妳為什麼不去拜訪大量客戶？」

　　她說：「因為我膽怯、我害怕，我沒信心，我怕被拒絕。」

　　「妳上來。」

　　她上台之後，我當時就叫她從身上拿出100元來，我問她：「把這100元拿去賣給別人10元，妳敢不敢？」

　　這是一張真鈔100元，她說當然敢了。

　　「妳賣不賣得掉？」

　　「當然賣得掉。」

　　「如果有人不買的話，妳認為是誰的損失？」

　　「當然是那個人的損失了。」

　　「叫別人拿10元跟妳買這張100元，他拒絕妳了，妳認為是誰傻？」

　　「當然是那個人傻了。」

　　「那妳怕什麼？」

　　「不怕啊。」

　　「那就對了，妳為什麼怕妳的保健品被別人拒絕？是因為妳自己心裡面不覺得它物超所值10倍以上，不覺得它可以帶給客戶更大的價值，

就像妳不覺得它值100元一樣。如果妳真的覺得妳的產品物超所值，妳是最好的，妳是最棒的，妳怎麼會不敢賣東西給妳的客戶，妳怎麼會不敢收客戶的錢，還需要求別人嗎？」

就像最近我的全年行程，排得非常滿，從東到西、從南到北，我們安排了二百場的演講。現在有人問我，能不能安排四月某一天到他那邊演講。我說不行，因為我沒有排行程。我自己要休息，要去學習，我也要跟家人相聚，所以我不願意去幫他演講。後來他透過關係找到我的好朋友來請求我抽時間去幫他講課，我只好勉強答應他。我們跟他開出了一筆比較昂貴的講師費，但他還是願意支付。因為他認為我的培訓課能讓他全公司的業績快速提升，所以他付給了我六位數字的講師費。我覺得我願意賣給你產品，我願意賣給你服務，是我幫你而不是你幫助我，不是我求別人。

優秀的業務員跟客戶吃飯，是客戶請吃飯。優秀的業務員是讓來客戶配合他的時間，優秀的業務員是客戶排隊跟他買產品。只有三流的業務員，才是拜託別人買產品，才是拜託別人給他見面時間，迎合顧客的時間，低聲下氣去請別人吃飯。所以，做銷售是世界上最光榮的工作，不是求別人的工作。

四、害怕被拒絕

做業務常常會被拒絕，我不想被拒絕，我害怕被拒絕，我不喜歡被拒絕的挫折感，這是世界上最大的誤區。為什麼？因為拒絕等於成功。

一個人的觀念、想法有人反對，也一定有人贊成，沒有一個人是全世界都反對，也沒有一個人是全世界都贊成他的，再偉大的人也會遇上反

對派，耶穌基督有人贊成也有人反對，釋迦牟尼有人贊成也有人反對，美國有人贊成有人反對，連賓拉登都有人贊成有人反對，所以全世界沒有一個人是100％的人全都贊成、認同他，也沒有一個人是100％的人都反對他的。

所以，你不斷去推銷你的觀念、你的產品，不斷提出建議給別人的時候，當然會有人反對，但也會有人贊成，所以被拒絕越多表示你行動量越大，行動量越大越有人拒絕，但同時也會有人贊同你。你不要管多少個NO，你要在意的是那個YES。行動了100次＝有80個說NO不重要，重要的是你得到了20個YES了。你要的就是那20個YES，如果你不想被拒絕，所以，你從來不去推銷，雖然你一個NO都不會聽到，但你也聽不到一個YES。

這個世界上從不被拒絕的人，就是最不成功的人。總統的選舉只要有51％的選民投他，他就當選，但是你不要忘記還有49％的人不選他，他是被49％的國人拒絕的，卻能當上了總統。所以不要害怕被拒絕，我們要熱愛拒絕喜歡拒絕，要歡迎拒絕。根據機率法則，被拒絕越多，成功也就越多。所以常常被拒絕的人收入高，而不願被拒絕的人，就會沒有什麼收入。

五、認為自己的職業與銷售無關

很多人常常說我是做內勤的，我是技術人員的，我是做行政管理的，我不需要推銷，我不需要學你的任何銷售技巧。這是天大的誤解，其實我們每個人都是業務員，任何行業都需要銷售技巧，不管你是總經理、

副總經理，不管你是技術、內勤、客戶服務，哪怕你在接電話你都是業務員，因為公司的銷售能帶來業績，業績帶來利潤，利潤帶來每個人的福利，而增加公司利潤人人有責。我們公司每個人都是業務員，我們公司發非常多的薪水給內勤人員，也發非常多的薪水給技術人員給客服人員，但他們都知道他們的每一分錢都來自產品的銷售。

就算你不是做銷售產品的，你也都在推銷你自己。例如：企業領導人要推銷你自己的觀念，屬下才會跟你意見一致，企業家在推銷你企業的形象，所以賈伯斯要出來要跟市場的消費者面對面接觸。老師在推銷學問、觀念和方法技術能力給學生，學生才會聽話，才會考試考高分，才會熱愛學習。父母在推銷愛心給孩子，老婆在推銷愛心給老公。不懂銷售的人，你的老公會不愛你，你的老婆會跑掉，因為你不會推銷你自己。

曾經我在講課的時候遇到了一個案例，她說她的先生在外面養狐狸精。我看過一個報導為什麼男人愛在外面有外遇，一個社會學家做了調查：外面所謂的小三或者是狐狸精即小老婆，她們跟大老婆的差別。社會學家對比了十三個項目，比方說個性相貌能力，比了十三項發現家庭主婦贏了一項輸了十二項。贏哪一項？燒飯、洗衣服、帶小孩子。輸哪十二項？不管是個性溫柔體貼、語言能力……，全部都輸。為什麼？最後有人說是因為這些家庭主婦，她們不會推銷自己，她們婚前的時候很會推銷自己，溫柔體貼愛打扮，外型亮麗、討喜，這就是在推銷自己。但是婚後售後服務不好，所以老公要退貨。她們一天到晚兇巴巴的，也不知道要溫柔體貼支持老公，只會跟他吵架，每天都一套家居服打發了事，也不穿得漂漂亮亮，頭髮也不打理，嘴裡老唸著：「老公怎麼不回家啊，老公怎麼那

麼晚才回來呀。」妳這樣子怎麼會有人喜歡妳。我跟那位女學員說完這話以後，她開始掉下淚來，她說我婚前很會推銷我自己的，但是現在我差點要被退貨了。

　　每個人都是業務員，連家庭主婦也是業務員，任何行業都需要銷售技巧，哪怕你是一個最棒的工廠，你也需要接訂單。所以親愛的讀者，從這一秒鐘開始，你要把你過去所有對於銷售的負面想法全部扔掉，把那些對銷售的誤解全都改掉，對銷售建立正面的認識，開始去迎向銷售，學好銷售、做好銷售。絕對成交就是要先成交你自己，把兩件事情賣給你自己，第一是把你自己賣給你自己，第二是把「推銷」這件事賣給你自己。

銷售最重要的
五大能力

Sales Questions
that Close
Every Deal

銷售能力是怎麼來的？是與生俱來，還是後天養成的呢？

在認識銷售能力之前，先要釐清能力與自我認定之間的關係。我們要先知道，一個人的自我認定越好，他的能力就會越強。

記得我在讀書的時候，常常對我的父親說，我不是讀書的料。我父親就說，你只要認真讀書，今天晚上用功到十二點，你明天一定會考得好，我當時就十分認定我不是塊讀書的料，我為什麼要努力讀書呢？就算唸到晚上十二點我也考不好，所以我就馬馬虎虎學習到晚上十二點，第二天當然考不好。一考不好，我又會說：「你看吧，我就不是讀書的料。」當時的我自我認定很糟糕，而讓這些負面的信念，進入惡性循環。

但有些做事很有把握的人，他說這個事我一定辦得成，這個顧客我一定能搞定。他相信自己做什麼事都一定會達到目標，所以這種自信會導致他做事的時候積極，遇到問題不放棄，最後他也就真的達到了他預先設定的結果，反而他會說：「你看吧，我就說過我做什麼都一定會達成目標的。」所以，更加強化了他的信心，這叫做良性循環。所以你頭腦中的自我認定，決定了你的能力。一個成交高手一定要具備以下五種能力，改變你的自我認定就可以改變你的能力。

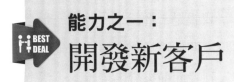

能力之一：
開發新客戶

銷售最重要的第一項能力——開發新客戶。

很多人說我業績不好，是因為我沒有顧客了，是因為我沒有客戶名單了。其實你不是沒有名單，也不是你不會開發新客戶，只是你的自我認定出了問題。你告訴自己你不會開發新客戶的這個想法，導致你不去積極開發新客戶，事實上，客戶滿街都是，準客戶到處都有。只是因為你認為你不會開發新顧客，於是你關閉了你的心靈，你不去尋找任何的方法、機會或場所，你當然遇不到理想的顧客了。

在上一章我們提過喬·吉拉德的顧客都是爭先恐後排隊來跟他買車的，他不用走出去開發新顧客，所有的顧客都是主動找上門來跟他買車，原因就是在他用名片鋪成了一條路，他的客戶順著他的名片鋪成的路來找他買汽車，事實上是他廣發名片這一個動作讓他變成了開發新顧客的專家。

有一次我去聽喬·吉拉德的演講，會場在三樓的會議廳，當天我從一樓進去，立即有人招呼我說：「先生，您是來聽喬·吉拉德先生演講的嗎？」我說是。他說：「給您一張喬·吉拉德先生的名片。」結果走到二樓的時候，又有人發名片，他問我：「先生，您是來聽喬·吉拉德先生演講的嗎？」我說我有名片了，他說沒關係再給你一張。到了三樓的時候又

有人攔住我，「先生，您是來聽演講的嗎？」我說是。他說：「給您一張喬‧吉拉德的名片。」我說我有兩張了，他說沒關係再給你一張，結果我走進會場裡面等著，大會開始的時候，又有人到我面前來發名片說：「這是喬‧吉拉德的名片。」我不禁奇怪地問：「你們在搞什麼鬼，發這麼多喬‧吉拉德的名片做什麼？」

結果，當主持人說讓我們歡迎喬‧吉拉德先生出場，喬‧吉拉德從後門出場，在三千多人面前一邊走向講台，一邊撒名片，一邊走一邊讓名片飛出去，撒了十幾分鐘終於走上台。上台以後，他甚至把身上所有的名片全都掏出來往台下扔。最後喬‧吉拉德拿一張椅子站在椅子上，拿出一個箱子往下一撒，撒的全是他的名片，他說：「我就是這樣成為全世界最偉大的業務員的，請問一下，你們還有什麼問題嗎？」台下的學員一聽全傻眼了，這樣就能成為全世界最偉大的業務員嗎？一般人發名片時通常是一次發一張，一個月能發掉一盒已經不錯了，但是喬‧吉拉德在賣汽車的年代，他一個月發500盒。我問喬‧吉拉德：「你現在已經不賣汽車了，為什麼你還要發這麼多名片。」他說：「因為我還是要推銷我自己啊，我在全世界演講，而且我有寫書啊，越多人認識我的話，就越多人買我的書，聽我的演講。」他回到飯店，在大廳遇到服務員，他一樣會對服務員微笑：「你好，我叫喬‧吉拉德。」照樣推銷他自己。

這麼簡單的一個動作，我們每個人都會。所以，你要相信，你是開發新顧客的專家，要不斷地對自己說：「我是開發新顧客的專家，我是開發新顧客的專家，我是開發新顧客的專家。」當你真的相信你是開發新顧客的專家的時候，也許你坐公車都可以開發新顧客，也許你走路踩到別人

的腳你都可以跟他認識一下，說對不起我改天親自登門向你道歉，請留下你的姓名電話好嗎？你可能連上廁所都可以開發新顧客。

開發新顧客，需要的就是一個結交朋友的能力而已。你喜歡交朋友，喜歡人群的話，那麼滿街都是顧客。

你看到人在走路，就跟看到錢在走路一樣，只要你相信你是開發新客戶的專家。

能力之二：
做好產品介紹

銷售的第二個最重要的能力是做好產品介紹。

很多人的顧客很多，也成功地發出許多名片，但是他不擅長介紹產品，他也不跟客戶做產品介紹，只是閒聊，結果他交了很多朋友，卻沒有賣出一個產品。因此我們要善於在跟別人打交道聊天的時候，把自己的產品給推廣出去。為什麼大多數人不會介紹產品？因為他們老是對自己說：因為我口才不好，我不會產品介紹，我不懂產品知識。

其實不是，真正的產品介紹，用不著懂很多產品知識。銷售其實就是信心的傳遞，是情緒的轉移，在介紹產品的時候，如果你能把那種熱愛產品的興趣傳出去，就會讓別人感受到你的熱忱。於是你只要講出幾個產品的優點就能把價值給塑造起來了，當你把價值塑造得比價錢還要大的時候，別人就有興趣向你購買。當物超所值的感覺出來的時候，別人就會掏錢跟你買東西了。

有一次我去選購家具，經過了一個又一個的家具專櫃，因為我不喜歡他們的款式，逛沒多久就打算離開。當我走出家具賣場的時候，有一位店員拉住我說：「先生您好，我看您剛剛都在看茶几對不對？」

我說「對呀。」

他說：「您要不要參考看看我們的茶几。」

我說：「看了，都沒有興趣。」

他說：「先生，等一下，我保證這個您看了會有興趣。」

我說：「什麼興趣？」他拿出一個榔頭來，拿著那個鐵錘，往那個玻璃上敲下去。當時我嚇了一跳，生怕他把那個玻璃給敲碎了噴到我。結果他敲完之後，清脆的聲音響亮，而玻璃依然完好無缺。

他跟我說：「先生看到沒有，這是鋼化玻璃，您買一般的玻璃就算800～1000（人民幣），好像很便宜，實際上小孩頑皮不小心弄破了，您又要換一個。現在我們這款1800元，雖然比別家貴了不少，但是您看看，它再怎麼敲都破不了。先生，您要不要自己試試看？」

他甚至用腳去踩去踏那個玻璃，那玻璃依然完好無缺。當時我對那個玻璃立刻產生興趣了。他用了一個小小的動作，甚至是互動讓我跟他同步起來。透過這種現場演示的方法來突顯、塑造產品的價值，不失為一個完美的產品介紹方法。

不需要很會介紹什麼叫鋼化玻璃，講解玻璃的成分、玻璃的知識，才算是產品介紹，而是把你對產品的極大熱忱傳遞給客戶，你用一個很創新的方法，有創意的方式，跟顧客溝通和交流，而不是把你公司教你的那一套死板又老掉牙的產品介紹方法，原封不動地、一字不漏地背給顧客聽，那是錯誤的想法和做法。

還有一次我去參加一家保險公司的年會。那家公司請出全公司最優秀的銷售菁英，也就是保險公司第一名的銷售冠軍上台演講。這名銷售冠軍說，他只要能進到客戶家裡，90％的客戶都會聽他講保險，其中有八成會跟他買保險。令在場的其他業務員們很納悶，因為一般業務員要能

進到別人家裡面就很難了，一進門就會被轟出來，或者進去沒聊到幾句保險，馬上就被別人趕出來，最後有買保險的人那更是少了。他是怎麼賣掉他的保險的呢？他說，他到客戶家裡，會跟客戶要一杯水喝，然後，喝了一口，就把這個水放在茶几的邊緣。這時客戶會很緊張地說，這個茶杯請不要放在這麼旁邊，太危險，接著就把茶杯移到茶几中間。而這個時候他就會問客戶，你為什麼要把茶杯放在這裡，放旁邊不行嗎？客戶馬上會說：「不行，太危險，萬一打翻怎麼辦？」結果這名銷售冠軍就說：「您連杯子都那麼害怕它打翻，擔心它有風險，何況是人呢？今天我帶給您的是人的安全和保障，可避免人生的風險。」這樣的一個動作是不是立刻就激發了顧客的共鳴，而想要了解保單的內容。

　　這位銷售冠軍用了一個創意的方法，創新的開場白，讓人無法抗拒，這就是完美的產品介紹案例。

　　你的產品優點是什麼，特色是什麼，找出最大的賣點，並且用一個很有創意的方法讓客戶迅速產生興趣。要認為你就是產品介紹的高手。當你不斷地對自己說你是產品介紹的高手時，你的信念會激發著你，浮現種種的靈感，這些靈感會讓你在顧客面前有完美的產品介紹方案。

　　信心很重要，對自己不斷地說：「我是產品介紹的高手，我是產品介紹的高手，我非常擅長產品介紹，我喜歡產品介紹。我知道我說出來的每一句話客戶都非常愛聽。」就這樣子不斷地說給自己聽。也許剛開始你不太相信，也有點不習慣，但沒關係，說久了你就會發現，產品介紹很容易很簡單，你的能力就提高了。

能力之三：
解除顧客的抗拒點

銷售的第三種能力叫做解除顧客的抗拒點。

克勞德·布里斯多（Claude Bristol）說：「破除所有抵抗、掃除所有障礙，要靠經常和堅定的努力。」

客戶常會說：我買不起、我現在還用不到、我們不需要這項產品、你的價格太貴……等等。一般的業務員，會默默接受這些意見，轉而再去找下一位客戶。但是抗拒表示有機會，因為準客戶在對你的產品建立信任之前，一定會產生疑慮，這也是很正常和自然的現象。

很多學員跟我反應他的困擾──我不會解除顧客的抗拒點，顧客有問題我解決不掉，顧客的懷疑我無法回答他，無法讓他相信我。相信你應該也有這樣的困擾，事實上，不是你不會，是你的自我認知出了問題，是你自我設限，你把自己的靈感給消滅了，你抑制了你的能力了。所以在學習解除顧客的抗拒點之前，你必須先改變你的想法，給自己正面的語言，開始說：「我可以解除顧客任何的抗拒點，我可以解除顧客任何的抗拒點，我可以解除顧客任何的抗拒點。」

當你相信你可以解除顧客任何的抗拒點的時候，請問，如果你真的可以解除顧客任何的抗拒點，當顧客產生時能不能抗拒解決？當然能解決，解除不掉也會努力到解決為止，這樣你的業績就好多了，你的能力就

表現出來了。為什麼你解除到一半，客戶再持續反對你就會放棄離開呢？因為你不相信你是解除顧客抗拒點的高手，你不相信你能解除顧客的每一個抗拒點，當你不相信你能化解你面前這個人的抗拒、懷疑甚至反對的時候，你當然就想放棄。而放棄的結果就是再也沒機會了，你必須在當場就解除顧客的疑慮。

世界頂尖的潛能激發大師安東尼・羅賓在他17歲的時候，被他媽媽趕出家門。他為什麼被他媽媽趕出家門？因為自小他的家境就很不好，而他高中一年級時身高就有兩米多，他原來的長褲就變成七分褲了，家裡沒有多餘的錢為他添購新長褲，也經常吃不飽，父母老是在吵架，也因為這樣他媽媽改嫁了四任老公。有一天他回家問他媽媽三個問題，他說：「媽媽，為什麼我才17歲就已經換了四個爸爸？」他媽媽一聽火冒三丈。

他又問：「媽媽，為什麼全校都有火雞大餐可以吃，我們家連雞頭雞脖子雞屁股都買不起？」

他再問第三個問題：「為什麼我是全校第一個穿七分褲上學的人？」他媽媽說：「你要不喜歡這個家你就給我滾出去。」他負氣地說：「滾就滾。」

身無分文的他只好睡在街頭，白天他去銀行打工掃廁所，每天掃廁所掃七、八個小時，一小時賺幾分錢美金。他每天都在找成功的機會，但是，掃廁所當然不會成功，不會賺大錢，更不會成為億萬富翁。

有一天他朋友跟他說：「安東尼，你真這麼想要賺大錢的話，有一個人叫吉米・羅恩，可以幫到你，我建議你去聽聽看吉米・羅恩的演講。」

當時他一聽，立刻跑去參加吉米・羅恩的演講。吉米・羅恩兩個小時的演講，給了安東尼・羅賓兩個很重要的啟發——**第一，努力不一定會有錢；第二，賺錢必須找方法**，也就是努力用對的方法才會賺到錢。

吉米・羅恩說：「如果你想學，我們即將在下個禮拜開一個為期三天的培訓課程，學費不貴，只要1200美元。」這對當時在銀行裡掃廁所、每小時賺幾美分，又被媽媽趕出家門的安東尼・羅賓而言，1200美元簡直是天文數字，何況是在二十多年前。當時安東尼・羅賓回答說：「老師，您的課很好但我沒錢，所以我不能來上課，我也沒有時間。」

吉米・羅恩當時是全美國最頂尖的激勵大師，他當然不會讓安東尼・羅賓找藉口，安東尼・羅賓是這麼想要改變自己的人，卻一直在找藉口。當一個人有夢想的時候是很好、很偉大的，但當一個人有藉口的時候，藉口更偉大，藉口的力量比夢想更大，同時有夢想又有藉口，藉口一定會占上風，藉口會把夢想給打敗的。所以安東尼・羅賓當時找完藉口之後，吉米・羅恩就問：「你到底是缺錢還是缺賺錢的本事？」安東尼・羅賓說：「我應該是缺賺錢的本事。」吉米・羅恩接著說：「你就是因為缺賺錢的本事才更應該來上課，你沒錢不來上課，就繼續沒本事下去，繼續賺不到錢，賺不到錢還是不能來上課。那你要什麼時候才會有錢。」安東尼・羅賓聽完以後說：「我懂了，我就是因為沒錢，我才更應該來上課，現在我沒有1200美元沒有關係，我下定決心一定籌到1200美元來上課。」

只有一週的時間，他問自己到底哪裡能借到錢。他所有朋友都不相信他，他只好跑去找銀行貸款。他去銀行信貸部，經理說他未滿18歲，

沒有父母的擔保，又沒有汽車擔保，又沒有房子擔保，沒有正式工作，所以不能放款給他。他跑了一家被拒絕，兩家被拒絕，被四十六家拒絕後，有一家銀行的工作人員說：「你竟然為了上課跑了四十六家銀行借1200美元，我很感動，銀行是不可能借你錢的，我個人掏腰包借你好了。」

安東尼・羅賓借到1200美元去上課，上完課之後他知道要成為有錢人必須從銷售做起，於是他放棄了掃廁所的工作，開始去銷售吉米・羅恩的教材。他認為要有錢必須先幫有錢人工作，他想變成跟吉米・羅恩一樣的人，所以他加入吉米・羅恩的機構。他當時推銷的教材，也是1200美元一套，是書加錄音帶，是在家裡面自學的教材。於是，安東尼・羅賓開始了他的銷售生涯，第一個月的陌生拜訪，他竟然能達到100％的成交率，也就是說只要他進得了客戶家門就100％能成交。

他到底是如何達到100％成交率呢？正是因為他太相信顧客應該買，他太相信這個產品能幫助人，他堅決地相信顧客的抗拒點是顧客的藉口，是阻止顧客成長、阻止顧客改變最大的殺手。他堅信他能有這樣大的改變，他也能幫助顧客，所以他要解除顧客所有的抗拒點，排除顧客所有的藉口。

在一次拜訪顧客時，顧客對安東尼・羅賓說：「你講得很好，但我沒錢，1200美元太貴了。」安東尼・羅賓聽完馬上說：「這位先生，我17歲被媽媽趕出家門，在銀行裡掃廁所，流落街頭，每小時賺幾毛錢美金，我為了要上這三天的課程，跑了四十六家銀行，才借到1200美元。您才三十多歲，有房子、有車子、有正式工作、有老婆、有小孩、有銀行信用卡，您怎麼可能沒有1200美元呢？」這客戶一聽：「對啊，我怎麼

可能沒有1200美元。好吧，好吧，那我買了。」

　　他又拜訪了一個客戶，他介紹了這個教材三個小時。三小時之後這名客戶說：「安東尼‧羅賓你講得很好，但我要考慮考慮。」安東尼‧羅賓馬上說：「先生，我講了三小時，你還說你要考慮考慮，那表示你一定是沒聽清楚，或是我沒介紹清楚，對不起，請讓我從頭再講一遍。」於是安東尼‧羅賓又再從頭介紹這個產品，又足足講了三小時，客戶總共聽了六小時。客戶在他的耐心攻勢下，也就買了。

　　客戶說沒錢，安東尼‧羅賓說你不可能沒錢，客戶說考慮考慮，他會說肯定是你沒聽清楚，就這樣抱著堅信他的產品、客戶一定要買的信念，把每一個客戶的問題一一解決，而達成了第一個月100％的成交率。

　　想想看，你為什麼被客戶拒絕一兩次就轉頭放棄呢？那是因為你沒有堅定解除顧客拒絕的信心和能力。

能力之四：
成交

當你已經是開發新客戶的專家，成功開發了大批顧客，當你能完美介紹產品，當你能化解掉顧客每一個抗拒點的時候，你的業績還不一定就能有所提升？可不一定哦！因為解決完顧客的抗拒，還要能夠「成交」。所以銷售的第四項重要能力，叫做成交。

為什麼很多業務員化解了客戶的抗拒卻不會成交？其實很多業務員都不敢成交，他們在成交的那一瞬間，明明知道該成交了，卻害怕起來了，心跳加快，呼吸急促，開始冒汗，猶豫著是不是不該要求客戶成交。那一瞬間他心裡想顧客可能不會買，顧客會拒絕他，所以當他鼓起勇氣要求成交的時候，顧客感受到了他那種猶豫不決的行止。熱情會傳染，熱情有感染力，而猶豫不決也會傳染，猶豫不決的心理也會傳染給顧客。當你應該堅決要求客戶成交的時候，你內心猶豫不決了十秒鐘，你的客戶也會感受到你的猶豫，即便他本來要買的，他也會對你說我要考慮考慮。因為客戶感受到了你對產品似乎沒什麼信心，於是導致了你要求成交但是被他拒絕了。

因此成交是一種能力，但更是一種思想狀態，你為什麼不敢要求客戶成交，因為你害怕被拒絕。是你腦中的想法錯了，你應該想客戶會成交，你應該想客戶會買，你應該想顧客很樂意買我的產品，你應該想我眼

前的這位顧客一定會買我的產品,你應該大聲對自己說:「每一個顧客都很樂意購買我的產品,每一個顧客都很樂意購買我的產品。」你必須在潛意識中堅信別人會買。因為你堅信別人一定會買,所以在該成交的那一刻你會開口要求成交。開口後大不了客戶不買,但你不開口他肯定不會買,但萬一他同意成交,那你不是得到一筆生意了嗎?所以開口總比不開口好。

成交沒有技巧,成交的關鍵就是兩個字:「要求」。你不敢要求所以你成交不了,要求,堅決地要求,如果顧客從頭到尾聽完你的說明,顧客抗拒點也都解決完了,你是應該要求他簽單了,你應該要求他付錢,你怕什麼呢?如果你真的100%有信心的話,你就能果斷地開口要求才對。

美國一家賣廚具的公司錄取了一批業務員,業務經理非常討厭其中某一位業務員,所以在五天的培訓課程之後,他想整一整這名業務員。他對這名業務員說:「我給你一個名單,這個名單是我們公司最棒的客戶,誰去拜訪他,他就會跟那個業務員買東西,所以公司派你去拜訪他,你會立刻產生業績的。」這名業務員深信不疑,非常感謝經理的幫助。其實經理根本是騙他的,經理給他的名單是全公司最難溝通的一位顧客,誰拜訪他,他都不買,但是經理想故意整這個新人,然而這名業務員卻對經理的話深信不疑。在他要即將出發去拜訪客戶時經理又把這名業務員給叫回來:「剛剛我跟你說的這名顧客一定會買你的產品,但是你要注意,他剛開始會故意拒絕你,他會故意說不買,說產品品質不好、價格不好、服務不好,我絕對不跟你買……這些話你不要相信,他拒絕你,是在考驗你,因為拒絕得越多,等一下他買得越多,你明白嗎?」這個業務員深信不

疑，十分感謝經理的好心提醒，很感恩地說：「經理您為什麼對我這麼好，我要是沒有先聽到您這番的提醒，可能就被客戶給騙了，所以經理您放心，我一定100％成交給您看。」

結果這個業務員真的去拜訪那個總經理。

「你好，××總經理，我是××公司的業務員，今天特地來跟您介紹我們的廚具。」

「你們公司派了很多業務員來，我不想聽，你給我出去。」

這個業務員心想：「果然跟經理講的一模一樣，他開始拒絕我了，千萬不要被他騙，他在考驗我。」

「××總經理，是這樣的，我知道您想趕我走，但是可以請您聽完我的產品介紹嗎？」

「你們的產品品質不好。」

「您以為的品質不好其實是很好的，那我再跟您介紹一遍好嗎？」

「你們的服務不好。」

「您以為的服務不好，會不會是有些誤解呢？請讓我跟您介紹我們的服務好嗎？」

「價格太貴了。」

「事實上是不貴的，總經理，可以讓我為您分析一下呢？」

總經理很不耐煩地說：「你給我滾出去！」

他想：總經理果然在趕我走了，總經理趕我走的時候是在考驗我，經理都說了這個總經理是好顧客，只是在暫時欺騙我而已，千萬不能被他給騙了。

「總經理，請您相信我，您買我的產品一定不會錯的，讓我給您介紹好嗎？」

「給我滾出去！」

「您不要再趕我走了，我知道您會買的。」

「你給我滾出去，我不會跟你買的。」

這個業務員心裡還想：太好了，的確跟經理講的一模一樣，拒絕越多等一下買得越多。

「總經理，您不要再拒絕我了，我相信您會買的。」

「我不會跟你買的，你快走吧。」

「您會買的。」

「我真的不會跟你買的，你快給我滾出去吧。」

這業務員越被拒絕越是開心，他心想真的跟經理講的一模一樣，太棒了，太好了，所以，他要堅持到最後：「總經理，您會買的對不對？」

「不會。」

「會買的。」

「不會。」

「您明明有需要。」

「不需要。」

「讓我再跟您介紹一遍。」

「你給我走。」

「我很有耐心的。」

「你快走。」

「您怎麼趕,我都不會走的。」

「你真是厚臉皮。」

「不是,我真心要幫助您的。」

這老闆簡直快被氣得半死,拍著桌子說:「我從沒見過像你這樣不要臉的業務員,做生意這麼多年沒見過這麼厚臉皮的人,你腦子有問題,是不是我怎麼趕你,你都不走。我今天真是服了你了,就跟你買一套產品吧。」

這個業務員一聽心裡還暗自竊笑:「哼,你早就會跟我買,還演戲演得這麼像,經理早就跟我講過了。」不過,他不好意思揭穿客戶,於是他就跟客戶講說:「好吧,謝謝您的支持,其實我知道您會買的,您剛開始太生氣了,您要考驗我也用不著發這麼大的脾氣,您演戲演得實在是太像了。」

這個業務員拿著產品的訂單和貨款向經理回報:「經理,您看我把訂單拿回來了,謝謝您跟我介紹這個客戶。」

經理嚇一大跳:「你真的拿到訂單了?」

「經理您不是告訴我,他是全公司最好的客戶嗎?怎麼您不相信我拿到訂單了。」經理頓時說不出話來。經理是騙了這個業務員沒錯,但是因為業務員始終堅信經理給他的情報,他積極的信念投射到他的行為上,堅持到底的行為,導致了客戶真的跟他買產品。

當你堅信顧客會買,你是不會放棄要求顧客購買的。你要相信你眼前的顧客100％會買你產品。然而大多數業務員在銷售結束的時候是不敢要求的,就算敢要求也在一次被拒絕之後就放棄,敢要求兩次的,兩次就

放棄，就算敢要求兩次，第三次被拒絕就放棄，就算敢要求三次、四次，被拒絕四次以上也會放棄。

四次以內就放棄的業務員占了96％，只有4％的人在銷售的時候敢要求五次甚至五次以上。被拒絕了還繼續要求的只占4％。根據行銷協會統計，60％的生意是在要求四次以後才成交的，換句話說，只有4％那些堅持到底的業務員能拿到60％的訂單，而剩下40％的訂單有96％的人在競爭。你如果是那4％肯堅持開口要求四次以上的人，你會得到最大的市場，你要是那96％不敢要求四次以上的人，你就只能跟96％的人去搶可憐的、少數的40％的生意。

有人或許會說不對，有時候我只要求顧客兩次或者一次客戶就買了，並不用四次。其實可能是這樣，有一個客戶，別的業務員推銷產品給他，結果顧客一說NO那個人就放棄了。過一兩個月其他同業的業務員又向那位顧客推銷一次，這個人又說NO。第三個業務員在一個月後又去推銷，這客戶聽了三次了，感覺可能要買了，但是還是說要考慮考慮，所以業務員只好放棄。第四次又有人去向他推銷，剛好顧客一聽，心想既然這個東西那麼多人來跟我介紹，我聽懂了，也就決定要買了。剛好那第四個人是你，你一出現他剛好跟你說要買，所以你很幸運你只要求一次就成交了，但是事實上也是客戶拒絕了別人超過四次才決定購買的。

換句話說，每一次要求顧客購買時一被拒絕就走掉的業務員，是在為下一個業務員鋪路，所以，每一次顧客說NO的時候你就放棄，你等於是在幫下一個業務員做生意，幫下一個業務員做產品介紹，這樣你不是在做白工嗎？如果你拜訪顧客，對方拒絕了你五次，最後第六次成交了，

假設你成交一筆生意是5000元的訂單，譬如，那5000元訂單你能賺到20％，大概1000元的獎金，那1000元是你的佣金收入，但是你是在被拒絕五次之後第六次成交的，等於說你每被拒絕一次你就賺到了200元；第二次又賺到了200元，累積五次，你就賺到了1000元，只是這個1000元在第六次一次支付給你而已。你只要想被拒絕一次能賺200元，開口要求成交，客戶說NO一次你賺200元，你一定想聽到更多的拒絕。

假設你相信顧客一定會買，你公司或者住家方圓500米之內的顧客如果都會買的話，你開不開口要求成交呢？為什麼到現在為止你還沒有開口要求你家方圓500米之內的每一個客戶？因為你不相信他們會買。

其實，只要一個想法改變了，你的行動力就變強了，你的成交能力也就更升一級。顧客不會自動成交而是被引導成交的。所以你的想法會影響成交的結果，而這是需要技巧的。這在後面的章節裡會詳細講解，我們現在先不學任何成交技巧，只需要先成交自己的一個想法：**每一個顧客都很樂意購買我的產品。**

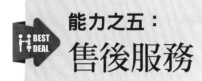

能力之五：
售後服務

當你有大量的顧客被開發進來，又完美地介紹了產品，又解除了顧客的每一個抗拒點，又能順利成交，業績會不會就一定提升？還是不會，因為成交之後顧客有可能會後悔，後悔就會退貨。當顧客退單了，你前面的努力就全都白費，所以銷售最重要的第五項能力是——售後服務。很多人說，我服務得已經很好了，為什麼他還要退貨？事實上還不夠好，為什麼？你要告訴你自己：我要提供給顧客世上最好的服務。但服務永遠要嫌不夠好，你要追求好上加好。

曾經有一個銷售潛能開發教材的業務員，他是該公司在全世界三十六個國家的分公司當中排名第一名。這個人叫夏木至郎，有一次他在半夜十二點突然驚醒，想起來他忘了打電話給顧客，約好明天見面的正確時間地點，他必須起床打電話。他立即起床，換下睡衣，穿上襯衫、西服、打好領帶，然後梳頭髮，梳完頭髮之後噴香水，把自己打理好後，才打電話給顧客，跟顧客說：「×先生，真是抱歉，在這麼晚的時間打電話給你，因為我跟你說好今天晚上要和你確定明天見面的時間地點，我們現在可以確定一下嗎？」和顧客通完電話後，他回到臥房脫掉領帶、西裝，換上睡衣再上床睡覺。他老婆罵他：「你有神經病啊你，你打個電話給顧客用得著這樣大費周張嗎？顧客又看不見你。」他說：「你不懂，我是一流的業

務員，顧客看不見我可是我看得見我自己，如果我穿睡衣跟客戶通電話，我感覺那不是一流的業務員的做法，是對顧客的不重視。顧客會在電話中感受到我對他的不敬，我換上西裝打領帶，代表我重視我的客戶，講電話的語氣就會不一樣。夏木至郎提供給顧客的服務，好到顧客看不見他，他都要把自己打扮得非常正式才和客戶溝通，這叫發自內心給顧客世界上最完美的服務。如果你是一名優秀的業務員，你應該明白每一次的售後服務，都是下一次客戶購買產品的售前服務。

喬・吉拉德寄卡片，每個月不斷地寄，十年如一日，十五年來從來沒有間斷過；夏木至郎打電話的時候，客戶看不見他都要穿西裝打領帶。而你是怎麼對待你的客戶的呢？

我是開發新顧客的專家。

我是產品介紹的高手。

我可以化解顧客任何的抗拒點。

每一個顧客都很樂意購買我的產品。

我提供給顧客世界上最好的服務。

如果你真心相信這五句話，將它們輸入你的潛意識，讓你心靈深處真心接受了，你就會被開發出這五種能力來。如果這五句話你全部都能做到了，你的五項能力就已經被開發出來了。每一次打電話給顧客洽談合約之前，每一次要見客戶之前，請複習這五句話。

第3章

完美成交的
十大步驟

Sales Questions
that Close
Every Deal

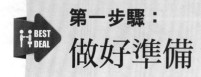

第一步驟：
做好準備

八年來我學過了全世界所有一流的銷售訓練，看完了所有的銷售書籍和影音光碟，我發現任何銷售，都離不開這以下這十大步驟。要達到成交，我們必先經歷接下來這一章將陸續介紹的十大步驟。我們先來看第一步驟是：做好準備。

開一家公司我們要先對它有經營計畫；進行一次的銷售，我們要對這個銷售做好全方位的準備。你計畫這一次的成交額是多少，你要先想好你要的結果，對方的需求你也要先想好，我的底線是什麼。你賣不掉5000元的產品，那你能不能賣掉1000元的產品……這些你都要事先想好。

你要事先揣測一下顧客會有什麼抗拒點，你要怎麼去解答顧客的每一個抗拒，你必須事先想好解決方案。最後你要如何成交，如何締結業務，你都要事先想好。如果你事先不將這幾個問題想好而是毫無計畫地去做銷售，你很有可能會在雙方溝通時走偏了方向，你很有可能就被顧客牽著鼻子走了。

你的想法和講話的方式決定你很有可能會被顧客的反對意見所激怒，讓自己一時之間說出不適當的話來應對，最後即使你臉紅脖子粗地和客戶爭辯，也無法成交。很有可能你花費了很多時間和客戶溝通，雙方相

處得很融洽，但是你還是沒有達成交易而放棄離開了。

這是為什麼？是因為你不知道你這一次到底要和客戶談些什麼，所以你需要做的第一項準備，就是對整個談話的結果去做準備。

1. **我要的結果是什麼？**今天我跟他談話，我準備成交的金額是多少。

2. **對方要的結果是什麼？**客戶最想要的是什麼，如果你不知道的話，你就無法去成交他。當你讓對方明白只要照你的話做，對方會得到什麼結果，他就會照你說的話去做，當別人照你的話做，你也得到了你想要的結果，這就是最完美的銷售。

3. **我的底線是什麼？**你想要成交一萬元，你可能要要求兩萬元，因為他會說我少買一點好了，少買一點好嗎？如果他只買一萬元，也就達到你的底線了。

4. **你要問自己顧客可能會有什麼抗拒？**

5. **你要問自己我該如何解除這些抗拒？**

6. **你要問自己我該如何成交？**

如果以上這六個問題你都問過自己了，你已經做好了初步的準備。

接下來你還要準備什麼呢？你要做精神上的準備，你要告訴自己：「我是開發新顧客的專家，我是產品介紹的高手，我可以解除顧客任何的抗拒點，每一個顧客都很樂意購買我的產品，我提供給顧客世界上最好的服務，我可以銷售任何產品給任何人在任何時候。」當你精神上已經達到100％對產品有信心的時候，你才可以出發去做銷售，精神上要先贏過對方。拳王阿里對自己說：「我是最棒的。」於是打倒對方，當他一次沒對

自己說：「我是最棒的。」於是就被對方打倒了。所以，在精神上你需要先贏對方。

精神上的準備做好了，接下來你要做體能上的準備。你需要有充分的休息，適當的飲食運動，精力要充沛。銷售的時候、成交的時候是一種能量的比賽。當你比客戶更有活力的時候他會向你買東西，當你看起來毫無精神、萎靡不振的時候，他怎麼可能向你買東西？所以優秀的業務員要有良好的體能，需要良好的生活習慣。

接著，你需要對產品的知識做準備。你的產品能提供給顧客哪十大好處？你的產品到底為什麼值這個價錢？你的產品最大的兩三個賣點是什麼？顧客為什麼一定要買你產品？最大的理由是什麼？你要複習到精熟才能出發去做銷售。

最後，你一定要徹底地了解顧客的背景，對顧客的背景做準備。原一平是全日本第一名的保險業務員、全世界排名前十大的保險業務員——原一平他到底是怎麼辦到的？他一個月有二十五天的時間是在做準備，只有最後五天的時間去成交客戶，但那五天成交的量卻是全日本第一。因為他是在徹底了解顧客的背景後才出馬去做成交。原一平到底是如何徹底地了解顧客背景的呢？請看以下的例子。

例如，他想去拜訪一位董事長，他就會在這位董事長家的附近徘徊。當他看到傭人幫董事長送衣服到洗衣店的時候，他跟著這傭人來到洗衣店附近，看著傭人離開後他馬上去找洗衣店的老闆娘聊一聊：「請問一下剛剛那套西服是不是那個陳董事長的？」

老闆娘說：「是啊！」

「我能不能看一看，我對那套西裝很感興趣，我不知道在哪裡能買的，我想看看它的品牌，我也想去買一套。」結果老闆娘就拿給他看，他看完之後刻意買一樣的服裝，一樣的襯衫、一樣的領帶。因為他深深明白一個心理學效應就是：人都喜歡像他自己的人。所以原一平，他要打扮得跟顧客是同一類的感覺，當他買到一樣的西裝、襯衫、領帶之後，他又去觀察哪天傭人去取回那套西裝，於是他知道老闆今天可能會穿這一套，他就穿著那一套準備好的服裝前去拜訪，老闆一看，怎麼有一個人穿得跟我一模一樣。於是他就說：「我是明治保險公司的業務員，我今天專程來跟你介紹很多理財的方案，只需要佔用您15分鐘的時間。」通常對方十之八九都會接受他的會談，因為他看到了一個很像自己的人，對他很有好感，也對他產生了興趣。

人都喜歡像他自己的人。原一平利用這樣的方法，花二十五天在研究顧客背景，了解顧客是什麼類型的人，然後再對顧客做銷售。他還會跟蹤賓士車，因為開賓士車的都是有錢人，而他要賣大保單必須找大客戶。當他跟著這個賓士車去哪裡運動，去哪裡消費，熟悉賓士車主的動向、喜好，他持續跟了一個禮拜後，就對顧客的背景資料胸有成竹了。例如，他得知今天下午三點，顧客會去健身俱樂部健身，於是他就到健身俱樂部，在健身俱樂部穿得跟老闆一模一樣，在那裡跑步。跑到一半的時候老闆來到了健身俱樂部，發現怎麼有個人穿得跟他一模一樣？於是原一平就很好奇地看著對方，對方也很好奇地看著原一平，兩個人打完招呼就聊了起來。跑步跑累了，他們就去打網球，當原一平把網球拍拿出來的時候，那位老闆一看：「你怎麼連網球拍都跟我一模一樣？」最後打完網球了他們

兩個人去游泳，到了男更衣室原一平換上泳褲，老闆一看嚇一跳怎麼連穿的泳褲都跟我一模一樣？游完泳之後，老闆很喜歡原一平，還主動邀請他來家裡吃飯。原一平說：「不了，改天請您來我家吃飯，我們就約這個星期天，您說好不好？」老闆覺得原一平就好像多年未見面的知己一樣，也很樂意去原一平家坐一坐。

原一平本來是沒有賓士汽車的，但他為了要配合老闆，就去租了一台賓士汽車擺在門口。那位老闆到了原一平家門口：「你連開的汽車都跟我一模一樣，太不可思議了。」

用餐時，原一平端出來的菜色，老闆一看：「這一桌菜怎麼都是我喜歡吃的？」

原一平說：「我不知您喜歡吃這些，純粹是我個人喜歡吃的，還真是巧。」

老闆一聽：「怎麼這麼巧，你到底是做什麼的？」

「我在明治保險公司做銷售保險的工作。我有很多老闆朋友，他是某某公司社長，某某公司董事長，都跟我買保險。我還為他們規劃了很多理財型保單，我自己也買了兩份。董事長您要不要也參考看看？」

老闆聽原一平這麼一說，就說：「好吧，好吧，沒問題，我肯定跟你買。」

為什麼原一平最後不需要特別介紹保險內容就可以成交？原因就是他花了很多的時間在跟老闆「交陪」，培養信賴感，建立交情。原一平為什麼能有這種能力？因為他做好徹底準備，了解了顧客的背景。

十多年前，我曾經聽過一場演講。演講的主講人是哈維‧麥凱

（Harvey Mackay），在美國有世界上最偉大的人際關係專家的美名。為什麼他的人際關係這麼好？因為他很認真地研究每個人，了解別人的要求，了解別人的背景、家庭、生活、事業、健康、愛好，他發現越了解顧客的時候，他越能投其所好，別人就越欣賞他、喜歡他，他與對方的關係就越好。他在二十六歲時創辦麥凱密契爾信封公司，專門賣信封給500家大企業，他要求全公司的每一個業務員一定要填一份客戶資料表，這份資料稱為「麥凱66」。

為什麼叫「麥凱66」呢？因為這個資料表裡詳細記載了有關於顧客生平的一切，包括顧客的生日、血型、家庭、什麼時候結婚、小名叫什麼，讀過哪個小學、初中、高中、大學，得過什麼獎項，第一份工作是什麼，第二份工作是什麼，人生的目標是什麼。全部詳細地要求業務員對他的顧客進行調查，他發現這樣調查與紀錄是很有幫助的，每一次要去拜訪某一個顧客之前，他都會先複習一下這些顧客資料，複習完之後再去拜訪，就能說適當的話做適當的事，讓客戶感覺到非常喜歡、信賴和欣賞這個業務員。

麥凱還說了一個故事：有一次他要拜訪某大企業老闆，大企業老闆不跟麥凱買信封，反而向麥凱的競爭對手訂購，麥凱就派人調查關於這個客戶的一切資料，調查了兩年。

有一次他準備要打電話給這個客戶，他剛好不在，他的秘書說老闆去醫院了。原來是老闆的小孩住院了，他馬上翻開資料發現那位老闆的小孩喜歡看籃球，喜歡麥克・喬丹，他立刻根據客戶資料去投其所好。由於他認識公牛隊的經理，他買了一顆籃球寄給公牛隊，要求經理簽名，再要

求經理把籃球給喬丹簽名，喬丹簽完名再要求經理把籃球給全部的球員簽名，再寄回給麥凱。麥凱再寄到醫院，客戶的小孩在病房裡面本來就是待不住的，此時卻來了個大型的包裹。包裹打開一看，是籃球，上面還有喬丹的簽名。真不可思議，全醫院把客戶的小孩當英雄一樣崇拜：「你怎麼有喬丹簽名的籃球。」

在美國芝加哥體育館裡面，立了一個銅像是喬丹的銅像，喬丹在美國人民的心目中，尤其是芝加哥市的小孩心目中簡直就是當神一樣崇拜。籃球上面有喬丹簽名，那個籃球就是無價之寶了。

當他的父親到了醫院一看，「孩子你怎麼還不睡覺？」

「爸，我有麥克‧喬丹簽名的籃球。」他爸一看，「你怎麼會有？」

「我不知道誰送我的。」一看包裹寄件人是麥凱，「爸，麥凱是誰？」

「麥凱是賣我信封的那個老頭子，他賣我信封賣了兩年了，我都沒同意買。」「爸，你怎麼可以不跟他買信封？不行，你一定要跟他買。」他爸一聽就問為什麼。「他這麼關心我也會關心你，你跟他買就對了。」討好了小孩，小孩再要求爸爸跟麥凱買信封了。可見，徹底了解顧客背景，才能做出相對的一些回應。所以準備十分重要，要想成交必須做好準備。

第二步驟：

調整自己，維持在最佳狀態

業務員在與顧客溝通的過程中會遇到很多拒絕和反對，一旦被拒絕或反對，他們的心情會陷入低潮，懷著這樣的心情再拜訪下一個客戶時，客戶感覺不到銷售人員的興奮和熱忱，反倒會給他更多的拒絕，更多的拒絕會導致更低潮，而更低潮又會招致更多人的拒絕，這叫惡性循環。

所以，一個好的業務員要擅長面對任何的拒絕和反對意見，客戶不買你也要能夠將低潮化為高潮，也要能調整情緒到最佳狀態，甚至在面對客戶時你根本不可以有任何的低潮。

業務員最重要的一個技能，就是一定要學會情緒控制。我在創富教育中開了一門課程叫做「Money Machine」，在三天之內的十五堂課當中，花兩個小時的時間教別人情緒控制。很多人就是因為不會控制自己的情緒而葬送了自己美好的前程。當年張國榮就是沒有控制好自己的情緒而跳樓自殺了。情緒控制不好的人，甚至連生命都會結束。

由於篇幅有限，本書並不會講到緒控制的所有技能，但我至少可以給你最直接的建議，那就是：你在拜訪顧客之前先要閉上眼睛，在心靈中做一次預演，想像你跟客戶談話完美而成功的景象，包括你會說什麼話、客戶會怎麼回應，回應之後你要怎麼去回答，他會有什麼抗拒，你要怎麼

解決，最後兩個人是如何開心地握手，相談甚歡地順利成交。你完美地想像，當你想像得越豐富、越真實，這個畫面成真的機率就會越高。心理學研究報告指出，一個人腦海裡面預先看到的畫面越多次，這個畫面會在潛意識深處引導他的言語行為配合這個畫面而散發出一種磁場，讓對方也能感受到這個人的信心。

有個實驗是：有三組小孩，一組小孩什麼都不做，一組小孩每天在投籃，另外一組小孩站在籃框下每天想像自己投進。三十天後，什麼都不做的人來投籃，沒有任何的進展和進步，練投籃的這一組進步了17％左右，而想像練投籃的進步了30％左右。想像力乘以逼真等於事實。

先想像成交客戶的畫面，再去見客戶，這叫心靈預演。筆者在每次出場演講的時候，一定會閉上眼睛想像自己出場演講時的完美畫面，然後再上台。你在拜訪客戶、開會、做任何事的時候，先想像自己成功的景象再去拜訪，你的銷售會有完美的演出的。高爾夫球選手是在閉上眼睛想像揮桿出去，球如何完美地進洞的畫面之後才揮桿，即便雖不能完美進洞，但也會更接近目標。短跑運動員是在還沒有鳴槍起跑的時候就先想像自己一馬當先的樣子，然後聽到槍聲跑出去的速度就比別人都快，這叫心靈預演。奧運金牌得主都知道這個祕訣，而你身為銷售冠軍成交高手，你如果善用這個方法的話，你會將自己的狀態迅速提升到最佳。

我曾經聽另外一個銷售主管演講，他是他所屬保險公司業績最高的人，也就是團隊冠軍。我去聽他演講是想看看他是如何發揮他的領導力，然而一上台他就說：「各位你們想不想天天快樂？」我們說想。「你們想不想讓自己賺大錢？」我們說想。他說：「想的話請音響師幫我放音樂，

全體起立，起立之後我們開始來跳一段舞好嗎？」就開始在那邊跳舞了。
當他活躍地跳上跳下、跳左跳右，跳了十幾分鐘氣喘如牛的時候，他說：
「各位，這就是我成功的祕訣。」

　　在場的人甚至我都嚇了一跳，跳舞怎麼會是你成功的祕訣？直到我
到他的營業處考察，我看到他開早會，他帶領全體同仁起身，開始跳熱身
操迪斯可。跳完之後他說：「現在全體出發拜訪客戶。」大家就活力十足
地出去跑業務了。

　　我才發現原來士氣高昂就是改變肢體動作，士氣高昂就是歡呼雀
躍。當你的團隊士氣在最高狀態時，不用多說什麼，出去就對了。因為教
太多也沒用，最關鍵是狀態。興奮就會衝出去，你的團隊就必須在一大清
早早會結束後，就想立即迫不及待地出去衝業績，把話說出去，把錢收回
來，這才會是一個冠軍團隊。

　　而我晚上再去考察他們營業處的時候，那位銷售主管又再度說：
「各位，經過一整天的拜訪客戶，現在我們都累了，全體起立放音樂。」
又開始跳迪斯可歡呼雀躍。跳了十幾分鐘，我一看搞什麼鬼，早上跳完，
怎麼晚上還跳。後來我才發現，因為他覺得此時此刻他也不需要講太多或
是訓話，所有業務員此時的心情想必已經被打擊、被挫折、被拒絕，弄得
很低潮，所以要讓大家調整情緒，再度地歡呼跳舞，這樣他們隔天才會重
新出發。

　　改變肢體動作就是改變情緒最好而且也是最快的一個方法。以前你
開心所以你唱歌，現在我教你唱歌，你就會開心。以前你快樂所以你跳
舞，現在我分享給你一個方法，你跳舞你就會快樂。試試看，你站起來活

動活動,可以握緊拳頭說「YES」,你也可以對自己加油說聲「YES」。像職業選手一樣,他們不管乒乓球打得好還是打得不好,他們都會握緊拳頭說YES。當他們情緒被調整到最好狀態的時候,他們就能繼續贏球。

不相信的話,你仔細觀察一些體育活動,你會發現成功的足球隊、籃球隊或者是賽跑的運動員,劉翔在跑之前他會做什麼動作,或者看那些桌球選手,他們打球時,不管打得好還是沒打好,都有一些特別的動作來激發自己,因為最好的狀態能讓他有好的表現。

所以說成交之前第一是做好準備,第二是拿出最佳的情緒,調整自己到最佳狀態。

第三步驟：

建立你與客戶的信賴感

一流的業務員花80％的時間與客戶建立信賴感，最後只需要20％的時間就能成交。三流的業務員花20％的時間建立信賴感，所以最後他用80％的力氣去成交，也很難保證一定會成交。顧客為什麼會買你的產品？是因為他信賴你，所以競爭到最後都是人際關係的競爭。先問問你自己：同樣的產品、同樣的價位、同樣的服務、同樣的公司，最後你到底要跟誰買？如果你有兩個可以選擇的話，是不是誰跟你關係好，你就跟誰買？

所以銷售就是在交朋友，最高明的銷售策略，就是把客戶變成朋友。因為把客戶變朋友了，你就不需要運用太多銷售技巧了，對朋友賣東西是很自然的，跟朋友買東西也是很正常的事情。如果你口才很好，銷售技巧很好，產品知識也很精熟，最後卻無法成交，問題可能就出在你不太擅長與客戶建立信賴感。

那麼，建立信賴感具有哪些具體的方法技巧或者是注意事項呢？

★ 要做一個善於傾聽的人

什麼叫善於傾聽的人？每個人都認為自己是世界上最重要的人，你我都不例外，當你在看一張團體照時，請問你先看誰？通常都是先看自

己。所以每個人都是以自我為中心。如果團體照裡面你的樣子沒拍好，你會說這張照片沒照好。事實上並不是照片沒拍好，是你自己樣子沒照好，你就說照片沒照好，這叫做以自我為中心。每個人都希望自己被別人重視，每個人都希望有被重視的感覺。每個人都希望別人聽他講，而忘記了要去聽別人講、給對方表達的機會，所以，大部分這樣做的人，人際關係都不太好。如果你願意聽別人說話，對方就能得到那種被重視的感覺。

我曾經跟一些人聊天，他們很愛講，我心裡很清楚，只要讓別人暢所欲言地盡情發揮，他最後就會感覺到他自己很重要，覺得我重視他，他就能從我這裡得到快樂的感覺，並對我有好感，所以我就聽他講，他從頭到尾一直侃侃而談，我就一直聽，整個過程我沒講什麼話，他卻對我說：「跟你談話真快樂，你口才真好。」我其實話很少，他卻說我口才好，為什麼？因為他跟我談話很快樂。

有一次，喬‧吉拉德在演講時分享了一個故事，他畢生做錯了一個最失敗的交易，就是有一次一位客戶來看車，他在詳細詢問了顧客要什麼款式、什麼價格、如何付款等需求後，他認為他已經十拿九穩能成交這個客戶了，但他還提醒自己要傾聽客戶，所以他就跟客戶話家常，問到工作、事業、家庭、孩子。客戶聊到他的孩子上高中了，成績不甚理想，以及他是怎麼教育小孩的。結果這個客戶就一直談孩子，喬‧吉拉德當時走神了，正在想等一下要怎麼成交，要讓客戶買什麼汽車的裝備跟配備，於是聊完孩子後客戶很開心地就對喬‧吉拉德說：「先生，跟你談話很開心，我決定跟你買車了。」

喬‧吉拉德就很開心地準備要交車的手續，所有的合約辦妥後，

喬・吉拉德一派輕鬆地再和客戶聊了一下家常：「這位先生，那您孩子多大了？」這位先生一聽嚇了一跳，心想：我剛剛跟他聊了那麼長時間有關於我孩子，他現在竟然問我孩子多大了，可見他根本沒有仔細聽我講話，他只是裝著在聽，根本沒有認真聽我說話，我也不打算再相信他了。

這位客戶就說：「喬・吉拉德先生我再考慮考慮，等我想清楚了，我再來跟你買車。」喬・吉拉德不知道怎麼回事，客戶明明要買了，為什麼在臨買之前反悔了呢？

喬・吉拉德百思不得其解地看著客戶離去，十多年後喬・吉拉德才鼓起勇氣打電話問他：「我現在已經退休不賣車了，我很想問你，當年你本來要跟我買車，為什麼最後不跟我買？」對方這才告訴他，我跟你聊了很多孩子的事，你竟然在最後還問我孩子多大了。對不起，你沒有打算聽我講話，我就不打算跟你買車。喬・吉拉德從那一次開始學到了深刻教訓。

傾聽有多重要，一個對別人感興趣的人比一個想要別人對你感興趣的人所結識的朋友多得多。你要對別人感興趣，要少說多聽，上帝給人類兩個耳朵一張嘴巴就是要我們多聽少說，這樣才能建立信賴感。

★ 要讚美

人人都喜歡被肯定，都喜歡聽好話，因此你要給別人喜歡的東西，真誠的讚美而不是虛偽的讚美。什麼叫真誠的讚美，講出別人有但你沒有的優點，而且是你很羨慕的，這叫真誠的讚美。例如，有一個人自己皮膚還不錯，看到另外一個人，便說：「你皮膚真好。」也許那個人皮膚沒有

你好，她聽完會覺得你皮膚好，還故意嘲笑她皮膚不好。如果你的孩子考試成績很好，你看到同事的孩子就不要說你孩子考試成績真好，人家可能會認為你在嘲諷他，你在炫耀你的孩子成績有多好。你要說：「你孩子性格真開朗，我孩子就是個書呆子，性格就是沒有你孩子開朗，我真羨慕。」你這樣講別人會覺得你是真誠地讚美，不是阿諛奉承一味地虛偽，而是講出別人有，你沒有而且你很羨慕的優點，這叫做真誠的讚美。

讚美一個人的行為，他就會重複不斷地加強那個行為，你批評某一個行為，他就會停止那個行為。人們會朝你讚美的地方走，會往你讚美的方向去行動，所以你讚美你的客戶，就能增進你們之間的關係。

★ 不斷認同他

前文講過一個原則，每個人都認為自己是重要的，所以客戶講的話，你要常常同意他說：「沒錯，我很認同」、「有道理，你講的沒錯」、「很好，我學到了很多東西。」常常這樣講對方會更喜歡你。

★ 模仿顧客

人們通常都喜歡什麼樣的人？像自己的人。人既然喜歡像自己的人，如果你能像你的顧客，讓他感覺你們是同一類的人，他就會喜歡你，喜歡你進而才會信賴你。英文單字「LIKE」是什麼意思？喜歡。而「LIKE」這個單字又有另外一個意思──「相像」。當你LIKE別人的時候，就是像別人的時候，他也會LIKE你、喜歡你。人會喜歡像自己的人，也會像他所喜歡的人。你會不由自主地模仿你喜歡的人嗎？夫妻結婚

久了，別人會說他們有夫妻臉，不就是因為兩個人相處久了，相互模仿對方嗎？

所以人們會喜歡像他的人，人也會像他所喜歡的人。你要先去像你的顧客，顧客喜歡你了，於是他就會像你，就會認同你的觀點。當你的顧客認同你、喜歡你的時候，不就建立了這種信賴感了嗎？假如我跟你說有一個人非常像你，樣子跟你一模一樣，你會不會也想認識一下這個人，和他交個朋友？

你有沒有過這樣的經驗，跟一個人認識才一天，卻一見如故。為什麼會這樣？就是因為你們彼此之間有很多共同點。那麼，你有沒有跟一些人認識八年了，話不投機半句多？為什麼？因為你們雙方有太多的不同點。所以相像是很重要的。

有一次，我去湖南長沙拜訪一位董事長，第一次使用了模仿顧客這個方法，可是費了很大功夫的。

我到了董事長辦公室，他招呼我：「杜老師，你好。」

我說：「董事長，您好。」他說請進，我說您也請進。他說坐下來吧，我說坐下來吧。他歎氣，我也歎氣，他講話喜歡這樣。

「杜老師，這次來找我是什麼事情呢？」

「這次是來跟您談一談合約的事情。」

他說：「杜老師，談合約別著急，我也不是不想找你培訓，只是想考慮考慮」於是我就說：「董事長。」這時候，我看他是蹺著腳，我也蹺腳，他叉腰我也叉腰，但是我看他被我吸引了，我接著說：「董事長，基本上這個事情。」這時我就放下腳，我一放下腳，我看他也放下腳，我身

體往前傾，我看他也往前傾說：「杜老師，你講得有道理。」我說：「所以，董事長，考慮當然可以，可是節省時間就是節省金錢，您說是不是呢？」我一邊講話一邊點頭，於是他也說：「是啊！是啊！」我說：「董事長，如果等我回臺灣您再請我來培訓，還要花很多機票錢，還不如今天做決定，您說是不是？」於是他也在那邊點頭說：「是啊！是啊！」知道為什麼他會點頭嗎？因為我像他，所以他像我，而他就被我帶動，我要先進入他的頻道，他才能進入我的頻道。

　　溝通不在一個頻道內是無法讓對方接收到信號的。手機收不到信號，是因為不在基地台內，收音機收不到廣播，是因為不在信號區內，你跟別人講話要先進入對方的頻道，對方才能收到你的頻道，收到你的信號，於是你再把他帶到你的頻道去。

　　我在點頭的時候，就是我要帶動他的時候了，「董事長，讓我們看看合約吧。」他就點點頭。這時候合約拿出來了，他不經意地抓抓癢，於是我也邊看合約邊抓癢。我拿出我簽字的那支筆放在他手上，他握著那支筆，我也握著另外一支筆，他看看我，我看看他，我先簽字，簽完我該簽的字之後，他又看看我，我也看看他，他也簽字了。客戶簽完字了，你還要繼續像他，你別立即開心地說：「太棒了，YES，謝謝你。」他突然會醒過來。你必須一直保持沉穩，跟客戶一樣的頻率，直到你離開。

　　你拜訪的那個客戶，如果是比較開心快樂、語調快速的，你也要變成開心、語調快速，連動作、聲音語調都要像對方，這是建立信賴感的一個快速又有效的辦法。這是一門行為科學，這一門科學在全世界已經被印證有效了，叫做神經語言學，這是一門最先進的心理學。去模仿，絕對有

效果。

　　但是有時候你要特別注意，不要去模仿別人的缺陷。有一次在北京我講授這堂課，一名學員很興奮地說：「老師模仿顧客沒問題，我肯定能拿下我的那個顧客。」他一個禮拜後跑來跟我說：「杜老師我去模仿了。」我說結果呢？他說：「沒效。」我說：「怎麼沒效？」他說他去拜訪客戶的時候，走進客戶家門發現客戶是個小兒麻痺患者，而他竟然模仿客戶小兒麻痺的行動。這個客戶一看，臉一陣青一陣白，立即就把他給轟出去了。

　　為什麼客戶會把那名學員轟走呢？因為那名學員模仿對方的缺陷，注意模仿缺陷會讓人覺得丟臉，所以你不能嘲笑別人，你模仿他的缺陷，就等於是在嘲笑他。還有一個美容師更好笑，他說他本來講話很正常，為了要模仿顧客，他就問客戶：「你買不買啊？」客戶說：「太太太太貴了。」這個美容師就說：「為為為為什麼你你你覺得得得貴貴貴呢？」結果那客戶氣得半死。

　　有一次，我去見一個八年沒見面的朋友。為了給我的朋友留下深刻的第一印象，我打算要用我剛學會的這個模仿技巧去模仿她。我敲門進去後，我朋友就說：「杜云生你來啦。」我說：「是，陳小姐我來了。」她說：「請進。」我說：「妳也請進。」來換拖鞋，我說：「妳也換拖鞋。」、「別客氣嘛，坐。」「你也別客氣嘛，坐。」她一坐我就坐，她幫我倒水，我也幫她倒水，她喝口水，我也喝，她上廁所我也去上廁所。兩個人模仿了半天之後，我問：「陳小姐，妳覺得今天我有沒有什麼地方不一樣。」她說：「有啊。」我說：「妳覺得我哪裡不一樣。」她說：

「我覺得你像神經病。」我說:「陳小姐,妳怎麼罵人。」她說:「你今天渾身上下是不是哪根筋不對。」我說:「妳怎麼可以這樣說我。」她說:「因為我覺得你全身上下都好像在模仿我一樣。」我才發現原來她察覺到我在模仿他,這是不對的。

如今的我經驗豐富,教你成功的方法,同時也告訴你失敗的教訓:模仿別人可以建立信賴感,但不要同步模仿。人家蹺腳,你別馬上蹺,人家咳嗽你別馬上咳,那樣別人會說你瘋了,你要慢三十秒再蹺,比對方的動作平均慢個三十秒,這樣比較不會被對方察覺到。

★ 對產品專業知識的了解

不要顧客一問三不知,還說要回去問經理、問主管。你不了解產品的時候就不像專家,別人就不願意跟你買,因為每個人都想找專家,你不能只是成為顧客心目中的業務員,你還要成為他心目中的專家。

★ 穿著

想想看,有一天,你走進電梯遇上一個人,從一樓到十樓短短的十幾秒當中,你對這個人其實已經有一定的印象了。例如他是個事業有成的老板,還是一個失敗討人厭的人士,從這十幾秒當中你都可以分辨出來。

每個人都有第一印象,而第一印象永遠沒有第二次的機會。穿著的重要性是,別人看到你的時候,你露在身體外面的90％全是你的服裝,而別人的視覺印象看到的,也是你的服裝,身為業務員的你怎麼可以不重視你的穿著呢?不只是你的穿著,連你用的文具、配件、皮包、皮鞋,都

應該是整齊大方得體的。我堅信你所拿的皮包、皮夾，你所用的眼鏡、配件、耳環，你所用的筆等這一切小東西，都在對外界傳達資訊，都在傳達你是一個什麼樣的人。假如有一天你快要成交了，這時你取出公事包，客戶一看公事包有些破舊。你打開公事包來，拿出簽約單的時候，單據皺巴巴的，掏筆的時候拿出筆，筆又漏水了。

你想像一個畫面，你的客戶一看到破舊的公事包，訂單皺巴巴的，筆也漏水了，客戶可能會對你說：「讓我考慮一下，我再想想要不要買好了。」也許連客戶自己都不知道他為什麼不買，你也不知道他為什麼不買，其實是他眼睛看到了你的東西都這麼破，感覺你賣的產品可能也好不到哪裡去。千萬不要讓這些小地方、小細節，外表的一些服裝或者是配件，影響了你的大生意，這是很吃虧的。

每天早晨起床你只需多花十五分鐘時間打理一下你的外表，你一整天的生意就可以做得順利，你願不願意？如果你不重視那十五分鐘，外型邋遢地去跑業務，你一整天生意都不順利，你何必吃這個虧？我們都說不要以貌取人，你可能會認為我講這些東西好像是在以貌取人，仔細想想看，每個人都知道不要以貌取人，但是每個人從小到大都還是在以貌取人，你我也不例外。

我曾跟很多老闆聊過錄取員工的標準，很多老闆沒有辦法一眼就能判斷誰能力強，誰能力不強，如果大多數學歷一樣，談吐差不多，最後對誰第一印象好，就錄取誰。不是說長相一定要很帥、很漂亮，而是你的穿著打扮，不一定要穿時尚名牌時裝，但一定要整齊大方，看起來像是個有潛力的人，看起來像是一個重視外表、重視清潔的人，大老闆雖然知道你

不一定是個很成功的人，但是願意給你個機會，是因為你給人的形象。不要輕視這小小的細節，因為它太重要了。請在心裡要牢記：穿出成功來，為勝利而打扮。

★ 徹底了解顧客的背景

像原一平一樣，像麥凱66一樣，你也要徹底地去了解你顧客的背景。這可以讓你出奇不意地讓客戶喜歡你，因為你投其所好，而讓他對你產生了好感、信賴感。

★ 利用顧客見證

利用顧客見證是最重要的，是藉由第三者來替你發言，而不是你本人來發言。你自己講你的產品有多好，別人會說你是老王賣瓜自賣自誇，還不如讓顧客來替你講話。如果你善用這個方法的話，你的生意一定是源源不絕。

方法如下：

1. 讓消費者替你現身說法。讓顧客把他的經驗分享給你的潛在顧客聽，你的潛在顧客聽完之後，對你的信賴感大幅度提升。

2. 照片。比方你會看到有很多減肥成功者減肥後變瘦的樣子跟減肥前的樣子，有圖有真相，是不是很有說服力。

3. 統計數字。根據統計有多少客戶知道我們的產品，有多少客戶使用了產品之後達到99％的滿意度，這叫統計數字。

4. 顧客名單。我們的客戶都是哪一些族群？有哪些人？拿出這些名

單的時候，也會增加你在顧客心目中的信賴感。

5. 自己的從業資歷。你在這個行業裡做了十年，還是八年了，在這個行業裡面已經是專家了，是很資深的了，這也會增加客戶對你的信賴感。

6. 獲得的聲譽及資格。你曾經得過什麼榮譽，你曾經被什麼協會被什麼政府單位或大企業表揚過，你獲得了這個聲譽跟資格，也可以提升客戶對你的信任度。

7. 你在財務上的成就。例如，有人說他們年營業額多少，他們的年利潤達到多少，他個人的財富到多少了，這些也可以增加他的信賴感。因為別人會用你的財富來衡量你這個人的能力。

8. 你所拜訪過的城市或國家的數目和經過。例如三年來你到過七十五個不同的國家或城市，你到過多少個國家去演講、訪問，去會見行業中的哪些權威人士，這也可以增加你的信賴感。

9. 你所服務過的顧客總數。例如你所服務過的客戶已經超過十萬人次。你的顧客總數，可以讓市場上的潛在客戶相信你是有能力來幫助他的。最後你可以使用大顧客名單，如柯林頓總統都喝我們的飲料，某某企業家都使用我們的產品，這個大客戶的名單如果是確實的話，就可以迅速增加你在市場上的地位。

以上所簡單介紹的這些方法，都是使用顧客見證的方法。

第四步驟：
找出顧客的問題、需求與渴望

客戶會購買你的產品，很多人會說是因為他有需要。其實不是顧客有需要，而是顧客有「問題」，「問題」才是需求的前身。

例如，一個人如果他今天想要找工作，你問他需求是什麼，他說：「第一必須薪水高一點。」那表示他換工作的原因，是嫌前一份工作薪水太低。

人是基於問題才會產生需求，我所指的問題就是對某些不滿意的條件有多麼不滿意，需求是指他想要得到的某些具體的條件。如果有個人想換工作，他說必須找一個離家近一點的工作，這就是他的第一需求。那他的問題可能是他之前的那個工作離家太遠了，可見，是**問題決定了需求**。

★ 問題決定了需求

你要賣東西給客戶，你不用先找需求，你要先找問題，找出顧客現在所遇上的問題，這個問題也就是他的傷口，你要擴大他的問題，於是問題越大就越能激發出他的需求，而你的產品正是能滿足別人的需求的解決方案，所以你所銷售的不是產品，你所銷售的是某一個問題的解決方案，你是在幫顧客解決問題。找出顧客的問題，然後去擴大這個問題，讓顧客

想到這個問題的嚴重性之後，他就會產生需求，於是你去激發他的渴望，提升他的渴望，讓他知道他有多麼需要馬上解決這個問題。運用時請再注意如下幾個原則。

1.問題是需求的前身，找到顧客的問題才能刺激他的需求

一個人為什麼要去買一個能省油的汽車？因為他現在的汽車太耗油了。一個人為什麼要買一台比較豪華的汽車？因為他現在的汽車看起來檔次不夠高。所以他現在有什麼問題，決定了他以後就會有什麼需求，這叫做問題是需求的前身。

2.顧客是基於問題而不是基於需求才做決定

有些業務員以為顧客有需求，其實是因為他有問題，問題越大需求就越高。如果客戶心裡面的那個問題是小問題，他就不會有什麼需求。你偶爾牙齦會出血但是你為什麼不看牙醫？因為問題還不夠大，你非要等到牙齒已經痛得不得了了，甚至臉都腫起來了，你才想去找牙醫。例如我正在講課，需要配合電腦不斷地調出資料，給大家提供最好的內容，這時候如果電腦壞了，這個問題就太大了，因為課程是不能取消的。這時如果有人說要替我維修電腦，這個維修費不貴，2500元。2500元還不貴啊。3000元。為什麼我願意付他2500又說3000？因為我知道我要再講價的話，浪費的是我自己講課的時間，所以問題很大，需求就很高。問題越大需求越高，顧客願意支付的價格就越高。如果是平時我不講課的時候，也沒有在現場錄影，這時候電腦突然壞了，我可能找一個人來修，最多給他五、六百元可能就解決問題了，因為那時候問題不是很大，所以需求不是很高。

3.人不解決小問題，人只解決大問題

前文提過你的牙齒有狀況，你不會立刻去看醫生，為什麼，因為小問題，非等到痛得不得了，腫起來才去看。所以說人只解決大問題，往往都是不見棺材不掉淚，不到黃河心不死。

一個人他不會馬上就改變，客戶並不會馬上就想買你的產品，必須等到迫不得已才會買你的產品，必須等到迫不得已才要找解決方案，所以人不解決小問題，人只解決大問題。

你的工作就是在他傷口上面撒點鹽巴，讓他痛得不得了，他才想要買你的產品，但是並不是真的讓問題產生，而是讓客戶聯想，你要透過銷售技巧跟他溝通交流，讓他聯想到再不解決這問題，會給他帶來多大的麻煩。

如果有人主動打電話到保險公司說：「我要買保險。」請問如果是你接到電話，你高不高興，別高興得太早。因為客戶會想主動打電話買保險，表示他的身體已經出狀況了，醫生對他說了些很嚴重的話了，有八、九成都已經被醫生宣告得了重疾，那保險公司賣不賣？當然不賣。為什麼？保險只賣給健康的人。所以等客戶面臨到身體不健康的問題時，你再賣他保險已經來不及了。

保險業務員的使命就是在客戶還沒有遇到疾病上的重大問題時，你先讓客戶意識到天有不測風雲、人有旦夕禍福，人都會生老病死。所以你的使命就是讓他預先看到將來的問題。你可以這樣說：「你愛你的家人嗎？你將來有一天失去工作能力了，你家人可能就立刻失去生活的依靠了，如果你真的愛他們的話，應該先為他們買份保險，在將來任何問題發

生的時候，你們全家才不會陷於危難之處。所以寧可一輩子不用保險，也不能一時沒有保險，保險這個東西是人們唯一了解後，不希望用到的東西，但是人不可以沒有它。」當你把這個話講出來的時候，顧客可能不愛聽，但是這是你的使命，你必須讓他意識到大問題的存在，這就是我所告訴你的——人不解決小問題，人只解決大問題。

所以你有必要將客戶所有的小問題擴大化，這就是我所比喻的：在傷口撒鹽。**因為顧客要買的，也一定會買的，往往都是問題的解決方案。**

成交的第四步驟是十大步驟當中最重要的一個環節之一，找出顧客的問題、需求與渴望，這需要發問技巧，需要緊密的思維邏輯，需要我們專門去做一個詳細的了解和學習，在後續的章節裡將一一講解。

第五步驟：
塑造產品的價值

顧客會感覺「貴」，就是因為你沒有把產品的價值給塑造出來。當顧客內心已經有渴望想要買你東西的時候，這時候你要介紹產品，然而我不稱它為產品介紹，我稱它為塑造產品的價值。當你介紹產品內在的價值非常大，大到高於它的價格時，顧客就會迫不及待地想買，並樂意掏出錢來。

以《絕對成交》為例，它包含我這十八年來每一天在市場上做銷售的經驗精華，我閱讀過上千本有關銷售的書籍，我接受過幾十次不同的世界銷售冠軍的銷售訓練，花了上百萬元的學費，這些超過十幾年的時間濃縮起來，全部都在這本《絕對成交》裡，如果你購買並閱讀了本書，你的一生都可能因此而改變。

一本書如果要300元的話，買500本也要十五萬元。你去美國上喬·吉拉德的課，去上湯姆·霍普金斯的課，再上金克拉的課，你在全世界上完所有該上的銷售培訓課之後，不要說學費，光機票錢你就要花上百萬，現在只需幾百元的投資你就可以讀到我的《絕對成交》，難道不值得嗎？太值得了。拋開它可以讓你的銷售倍增不談，它至少可以讓你不再犯錯誤了。如果在顧客面前講錯一句話就會損失顧客，本來會買的顧客因此就不買，假如你一天損失一名顧客你會損失1000元，那麼30天損失30名顧

客，一個月就損失3萬，一年損失了36萬，十年360萬。如果你不懂得正確的銷售技巧，你將繼續損失，十年360萬。假如你的公司有10個不懂得正確銷售技巧的員工在做銷售，360萬乘以10，十年就是3600萬的損失。一群沒被訓練過的行銷人員，天天拿你的薪水在得罪顧客，損失顧客，這就是你要付出的代價。假如你願意在他們身上投資的話，今天一個顧客成交，可以賺到1000元的話，多成交一個顧客多賺1000元，30個多賺3萬元，一年12個月多賺36萬，十年多賺360萬。

親愛的讀者，有沒有可能因為你多學會一個成交技巧而每天多開發一名客戶？有沒有可能因為你信心增強了，每天多成交一名顧客？有沒有可能你使用正確的步驟，你每天就多成交一名顧客呢？如果有可能的話，那麼現在你購買和閱讀這本《絕對成交》，對你來說不知物超所值多少倍。因為多成交一個顧客一年是36萬，十年是360萬，如果你有10個行銷人員的話那是3600萬。替你節省十多年的摸索時間當然值得，省下十幾年時間，使用這些正確的方法去做銷售，賺回的可是相當可觀的。

那你為什麼要自己花幾十年時間去慢慢摸索，每天被顧客拒絕，人才被挖角，這些也是你付出的學費。學費遲早都要付，早付早學到，晚付晚學到，早付付得少，晚付付得多。生活會讓你付出代價的，顧客拒絕你會讓你付出代價的，人才被挖角會讓你付出代價的，市場被搶走會讓你付出代價的，這些龐大的代價加起來絕對比買一本書更貴。不要從自己的錯誤中學習，要懂得直接學習成功人士的智慧精髓，使用他們使用過的正確方法，這樣是不是更省時間更省錢呢？如果你覺得有道理的話，我已經成功地塑造了我的產品價值了。

第六步驟：
分析競爭對手

你的客戶在聽完你的產品介紹之後有些心動，想要買，但他會說我要比較比較，我要看看別人賣多少錢，所以，這時你就要分析一下競爭對手同樣的產品、同樣的服務。他的價位是比你貴或者是他為什麼比你便宜，是因為他的產品沒有比你的品質好，服務沒有你的品質佳，公司的附加價值沒有你好？如果你懂得主動把競爭對手的各項條件拿出來擺在桌面上，對你的客戶做分析比較，並且你的優勢勝過對手的話，你就不會讓顧客有機會說：「我要去比較比較了。」

接下來，提供幾個分析競爭對手一定要做到的步驟。如何與競爭對手比較，有以下六大步驟：

 一、了解競爭對手

什麼叫了解競爭對手？你要做到以下三件事情。

1.取得他們所有的資料、文宣、廣告DM。

2.取得他們的價目表、商品目錄。

3.了解他們什麼地方比你弱。

十多年前我還沒有從事教育培訓業，當時我就對教育培訓行業特別有興趣，收集了臺灣、新加坡、馬來西亞、日本、美國等全世界所有的教

育培訓的課程表資料、廣告DM，當時我收集了一本又一本，只要他們來推銷，都被我收集下來。這些資料我天天看，看著看著，我就在這麼眾多的培訓當中得出了一個觀念；大部分人在教企業管理，大部分人在教激勵課程，但很少有人在教創富教育，所以我想專門教別人如何創造財富，專門教別人如何達到財務自由。

今天我能在眾多的競爭對手當中，選擇出獨特的定位，就是因為我了解競爭對手，長期收集他們的資料而分析出來的。所以你要了解你所有的競爭對手，要取得他們的所有資料，文宣、DM、價目表等，並且知道他們什麼地方比你弱，這是你必須做到的第一步驟。

二、絕對不要批評你的競爭對手

也許你的顧客是對手的朋友，也許你的顧客是你競爭對手的親戚，所以你在顧客面前批評對手，是很有風險的，對方可能對你反感而更不跟你買，或者是別人覺得你這個人沒水準、心胸太狹窄。也許他本來跟你的競爭對手做生意做了很多年了，他很欣賞你的競爭對手，只是想來考察考察你的產品，你因為批評了你的競爭對手，而失去了一筆生意。

三、表現出你與你競爭對手的差異之處，你的優點還強過他們

有一個賣賓士汽車的業務員，看到有一名客戶走進來。

「先生，請問您目前開什麼車？」

客戶回答：「BMW。」

　　「BMW是市場上非常棒的一款汽車，BMW的優點是豪華、高檔、德國汽車、高品質、BMW代表的種種優點，都是我們所欣賞欽佩的，這些優點賓士全部都有。同時賓士還有什麼優點是BMW目前比較不具備的，這位先生如果你今天不買賓士，我真的建議你買BMW，因為它的確是除了賓士之外市場上第二好的汽車。」

　　這樣是不是不但沒有批評、打擊對手，同時還稱讚了對手，但是稱讚完對手之後也展現出賓士汽車的哪些優點強過了BMW。所以第三點是要表現出你與對手的差異之處，並且你突出的優點要勝過對手的優點。

四 、強調你的優點

　　這一點在第三點的例子中已經示範過了。

五 、提醒顧客競爭對手產品的缺點

　　你只要做到提醒而不是去強調，強調就會變成批評了，所以只要稍微提醒一下對手產品的缺點即可。

六 、拿出一封競爭對手的顧客後來轉為向你買產品的顧客見證

　　我在培訓婚紗攝影的門市小姐之前，不懂婚紗攝影業，於是我親自去考察了很多婚紗攝影。我走進去發現門市小姐非常厲害，熱情地拉著我猛介紹，叫我拍照，從人民幣幾千塊一組到幾百元，到幾十塊都可以幫我照。她就是不想讓我空手離開，非要我花錢不可，我感覺她們的銷售技巧

已經很不錯了。

　　有一天我考察到一家來自臺灣的××攝影公司，大致了解後，我說：「我不照，因為另外一家比較有名氣。」這時候她立刻跟我分析競爭對手，她說：「那一家啊，您等一下，我想起來了，有一份資料您先看看。」於是她拿了一組婚紗攝影照，我一看這個新娘的服裝不甚理想，新郎的褲子怎麼照都那麼難看，這個相片怎麼照成這個樣子，我覺得很糟糕。

　　她說：「忘了跟您講，這就是我們的某一位客戶，這對新婚夫婦就是先去那一家拍了婚紗照，拍完之後拿到這些相片時非常生氣，於是他們就跑來我們這邊重新照了一組，您看看這是他們重新照的。」我看了一下，簡直是一個天一個地，一個是形象亮麗光采的新娘新郎，一個是造型非常差的新郎新娘。

　　她接著說：「後來客戶照完之後很滿意，原本在那家公司照的這組相片就不要了，留在這兒了。我剛剛突然想起來了，就想拿給您看一看。」多麼高明的分析對手的方法，多麼高明的競爭方法！她拿出顧客的證據來說明競爭對手不夠優秀，而不是只會在嘴上說競爭對手的產品或服務不如她們公司的。

第七步驟：

解除顧客的抗拒點

什麼叫解除顧客的抗拒點？你的顧客一定有某些不買的原因或理由，例如是產品方面的原因，如品質不好，你們公司服務不好，你們公司太小了，或者客戶自己的原因，太貴了、我沒錢、我要考慮考慮、我沒有時間、我要問家人……種種的問題。

那麼怎麼辦？你應該預先就知道，顧客會有哪些抗拒點，把它全部列出來，大部分顧客的抗拒點，其實加起來不會超過六個。你別每次一被客戶提個異議就給打退堂鼓了，你應該事先就分析好顧客可能會有哪些抗拒點，並且先把解決抗拒點的答案準備好了，這樣遇上了，就能夠見招拆招，兵來將擋水來土淹，別老是被同一個抗拒點給擊倒。

所以你要預先解決客戶拒絕你的抗拒點，最好的方法是先把答案準備好了，在銷售過程中事先提出來。你明明知道這個顧客會說：「我要問我家人。」你就事先問他，請問您需要徵求家人的意見嗎？請問您自己就可以做決定嗎？然後客戶說：「可以，不用問家人。」你就要說：「我真是非常欣賞你，非常多人都要問過家人才能做決定，你很不一樣，很有主見。」讓他很有優越感。若是遇到女顧客，你可以問她：「這位小姐，妳怎麼一個人來，難道妳不需要男朋友給你意見？」「不需要問妳先生問妳男朋友嗎？」「很多女孩子都要問先生或問男朋友，妳怎麼自己來？」她

說：「我不需要問。」你就說：「現在很難見到像妳這麼獨立自主有決定權的女孩子了，我非常欣賞妳，我跟妳交個朋友可以吧。」被妳這樣一誇，等一下在成交的時候她就不好意思再說她要問她家人、要問她男朋友了，這叫做預先解決顧客抗拒點。所以，你要先拿出解答方案來，你才能夠先發制人。

關於解除顧客抗拒點的所有方法，是沒有辦法在這一小節全部進行分析，本書第五章和第七章將就此問題做一個詳細的講解，讓你擁有一套完整的解除顧客抗拒點的步驟。

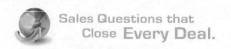

第八步驟：
開口要求成交

所謂的成交，就是你要成交收到錢，就是顧客同意購買、同意簽約，你賣產品給客戶，然後收到貨款。這也是有方法、有步驟，有一套模式與系統的，有關詳細的步驟和模式，筆者將在後文的第八章、第九章有專門的講解，在此先不做詳細解說，現在我們直接先來看第九步驟。

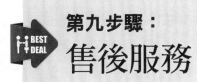

第九步驟：

售後服務

在你完成一筆交易後，並不等於你和顧客之間的關係就此結束，還要有售後服務，否則就有退貨的可能。以下介紹售後服務的五大步驟：

⭐ 一、了解顧客的抱怨

通常顧客難免都會有抱怨。沒有一個顧客是完全滿意、百分之百高興的，他或多或少都會有問題。對於客戶的抱怨不要擔心，也不要害怕，你越聽他的，你越能夠成長進步，你才知道要如何改進你的產品或服務。他願意向你抱怨，等於是讓你有機會能再重新為他服務，而讓他重新滿意並沒什麼不好。客戶有抱怨你去解決，還能加強他對你的印象，讓他覺得你服務不錯。然而很多業務員卻不喜歡聽顧客抱怨，也不耐煩顧客的抱怨。

記得有一次，我在一家叫巴蜀酒樓的餐廳吃飯，感覺口味相當不錯，就打電話邀請朋友一起來嚐嚐。後來的幾天裡我不斷介紹朋友來這家餐廳吃飯，大概連續去了一個禮拜。真的，一個滿意的顧客會把他的滿意分享給他的朋友，所以讓顧客滿意是非常重要的。

可是在第七天我去的時候，發生了一件讓我很不愉快的事。那天，

我點了一碗牛肉麵和一些小菜，正當我吃得津津有味時，發現面裡有蟑螂。我當場就把店員找來，讓她看看碗裡的蟑螂。店員大概反應比較遲鈍，竟然看了很久都沒發現牛肉麵有什麼不對勁。最後只好找經理來，經理倒很聰明，一看到有蟑螂的麵拿起來就往廚房走。

那位經理走後我心裡很納悶，他怎麼沒先跟我道歉，我第一個希望他道歉，第二個希望他能夠賠償，不能賠償也要免費招待，不能免費招待，至少也要跟我說些好聽的話，可是他什麼都沒說就走掉了。

我想他大概等一下會過來吧，果然過來了，他過來跟我說：「杜先生不好意思讓您吃到蟑螂了，要不要再來一碗，我叫廚師幫您重新做。」我說：「不用了。」他說：「夏天廚房難免有點髒，請您不要介意。」說完就走了，奇怪他也沒跟我說要賠償也沒跟我說要免費招待，就這樣走掉了。我想他可能是要給我驚喜，可能去櫃檯把我的帳單給免掉了，結果我去買單，店員果然給我一個驚喜，十二塊五毛錢（人民幣）一分錢也沒少。由於第一次反應麵有問題不解決，因此我不再抱怨了。

我心想大不了不講了，下次我也不會再來了，十二塊五我還是照付。之後下樓還遇到他們經理。他竟然還跟我微笑說這位先生下次再來。

為什麼我不再抱怨？因為我認為抱怨無效。

所以，你的顧客沒有對你反應問題或抱怨，並不代表他沒問題？只是他覺得抱怨也沒辦法解決他的問題，於是他走到你競爭對手那邊去了，他跟你抱怨無效，所以他去那邊跟他的親朋好友抱怨，你希望他跟你講還是跟別人講？當然是跟你講，跟你講還有機會解決，他跟別人講你是不是就損失更多。

所以你要喜歡顧客的抱怨，接受顧客的抱怨，並且樂於多聽顧客的抱怨。如果你表現出不聽的樣子，那就沒有人要跟你說了，就是那些不跟你抱怨問題的顧客害了你，害你生意一落千丈，害得沒有人再光顧你的生意。我走出店門，我回頭看著這個巴蜀酒樓，我就對它說了四個字：永不再來。

你看看不抱怨的顧客，是好顧客嗎？他讓你生意做不下去了。一個滿意的顧客會把他的滿意告訴一些人，一個不滿意的顧客會把他的不滿意告訴更多的人，好事不出門壞事傳千里，一個人每一天每一分每一秒都會見到很多人，和他們聊天、講最近發生了什麼事情，當他遇到好的服務他未必會說出來，因為他認為那是應該的，當他遇到不好的服務，他馬上就會講而且用力講。客戶抱怨了，但你不給他解決，他就在外面為你用力講，大聲宣傳負面口碑。

每一個顧客在接受你的產品，離開你的時候，腦中會蓋著三個印章，第一個是什麼都沒蓋，第二個是蓋上加號，第三個是蓋上減號。

你希望客戶幫你宣傳的時候是宣傳好口碑，你就必須在他腦門上蓋上加號，蓋上正面的印章，留下良好的印象。

二、解除顧客的抱怨

了解完客戶的抱怨，一定要立刻解決，當場解除，而不是以後再解除。

有一次我到一個韓式料理店用餐。我在三樓開會，只有半小時的用餐時間，所以就請店員馬上上菜，她說：「好，先生，馬上幫您上菜。」

我點一盤炒青菜，一人一碗的湯，點了三碗，三份拌飯，結果三份拌飯送來了，三個湯也來了，但青菜沒送來。等了差不多二十分鐘，飯都快吃完，湯都也喝完了，青菜還是沒來。我就問：「店員，我們的青菜怎麼還沒送來？」她說：「先生，已經派人去買了。」

原來店裡正好沒有我要的青菜，為了不讓我失望，就派人到附近的市場買我要的青菜。因為趕時間，我告訴店員，我就不要青菜了，結果在結帳的時候，店家堅持免費招待，我並沒有打算要讓她免費招待，我認為青菜沒上就不要付青菜的錢即可，但是三碗飯跟湯，還是要付的。當時老闆走出來了說：「先生，真不好意思。」我說：「不行、不行一定要付。」他說：「不行，不用付。」我說：「為什麼不用。」他說：「因為您來我們這邊吃飯，青菜沒有上，沒有讓您滿意，這一餐當然不應該收您的錢，我請客。」我說：「好既然您這樣說，我就勉強接受了。」

臨走前，我對這個餐廳的印象非常好，我對它蓋上了加號。我到了會議室第一個講的故事，當然就是樓下那個餐廳的故事了。說完之後我晚上又要吃飯了，還是去樓下那個餐廳，我帶了一桌的人去。為什麼？因為我感覺他們對我服務這麼好，我要回饋他們。所以，一定要當場解除顧客的抱怨，立刻解除顧客的問題，而不是以後再解決。當場解決，95％不滿意的人會再度上門的。

三、了解顧客的需求

我的學員當中也有一些是開餐廳的老闆，我跟他們講一個小小的方法，每天他們就花個一個小時，在餐廳現場問顧客：「我們的菜怎麼樣？

您覺得味道如何？還有哪些不滿意的地方？您還需要我為您做些什麼？」天天就這樣問一個小時，一個月後他收集所有答案，於是他推出了一個新政策。因為很多顧客跟他反應這附近不好停車，所以很多人不願意來，他就設了一個幫別人停車的櫃檯，所有人開車來把鑰匙交給這個停車小弟，停車小弟把車負責停好，停好之後停車費也不用客人付，等客人買單時泊車員再去把車開到店門口，是不是很方便呢？

　　小小的一個服務讓來餐廳的客人變多了，因為他關心客人的需求是什麼，因為他去問了客人需要什麼服務，並想辦法滿足顧客的需求，就像在挖黃金一樣，每一個挖出的需求都是你能做生意的生意點，都是你的贏利成長點。所以你要去了解顧客的需求，不只是產品的售後服務，他任何的需要你都可以去服務他。例如你是做美容用品的，但是今天你的客戶也是開店做生意的，你甚至把這一套教材送給她看，她感覺你是為她的生意著想了，她就會來捧你的場，光顧你的生意的，這叫做了解顧客的需求。

四、滿足顧客的需求

　　了解完需求就要滿足需求。臺灣有很多五星級飯店，其中有一家叫做亞都飯店，是台灣生意最好的五星級飯店之一，在它的咖啡廳喝咖啡，你會發現一個很有意思的景象。比方說你口特別渴，喝了一大口冰水，只要店員看見水杯裡的冰水剩不到一半，不到二十秒立刻就有人來把你的水倒滿。他設想得比你周到、比你快速。假如夏天天氣很熱，一般的女性都會穿得比較清涼，但室內冷氣又很冷，如果有女顧客表現出有些怕冷或發抖的感覺，立刻會有服務生拿披肩過來為她披上，或詢問這位小姐是否需

要披肩。你想想看這些小小的動作很花錢嗎？好的服務不花錢，但花心思，你要用心思去想顧客要什麼，設想在顧客的需求前面，跟顧客的欲望賽跑。

了解顧客的抱怨，解決顧客的抱怨，了解顧客的需求，滿足顧客的需求，如果你能夠做到這四個步驟，你的售後服務就做得相當好，但顧客依然不會很滿意，為什麼？因為顧客覺得你滿足我的需求是應該的，你讓我滿意是應該的，所以不會對你特別有印象的。

五、超越顧客的期望

讓客戶意想不到，讓客戶驚喜，客戶希望十分你做到十二分，他想五分你做八分，他想八分而你做到十分。

想想看，市場上有多少行銷人員能做到這一點。顧客買的已經不是產品了，買的是業務員的服務精神、業務員的做人態度，售前售後都得服務，用服務代替推銷，超越顧客的期望。我發現一般人都想賺錢，卻不想做好銷售、學好銷售。如果你是屬於這種人，我建議你可以改為用服務代替推銷，就像前文所說的那個中餐廳，服務好了，客人自然就會去那裡消費，生意自然就好了。

第十步驟：
要求顧客轉介紹

顧客買了之後，記得永遠要從他身上再延伸出下一個顧客來，一個顧客買了再延伸出一個顧客，這樣你的生意就會源源不斷，持續不斷地開發新顧客。

要求顧客轉介紹只有兩個時機。

第一個時機：他買的時候，買了以後他滿意，服務好了立刻讓他幫你介紹客戶。

第二個時機：他不買的時候，也要他轉介紹，你可以說：「您不買，沒關係，那請您幫我介紹客戶行嗎？」

第 **4** 章

問對問題賺大錢

Sales Questions
that Close
Every Deal

前一章我們分享了完美成交的十大步驟：

第一個步驟▶做好準備。

第二個步驟▶調整自己，維持在最佳狀態。

第三個步驟▶建立你與客戶的信賴感。

第四個步驟▶找出顧客的問題、需求與渴望。

第五個步驟▶塑造產品的價值。

第六個步驟▶分析競爭對手。

第七個步驟▶找出顧客的抗拒點並且解決它。

第八個步驟▶開口要求成交。

第九個步驟▶售後服務。

第十個步驟▶要求顧客轉介紹。

所有的成交模式都已在這十個簡單步驟當中了。接下來這一章筆者就將針對一般人學習起來有些困難的步驟，如第四個步驟找出顧客的問題、需求與渴望，第五個步驟塑造產品的價值，專門給讀者做一個特別的講解。

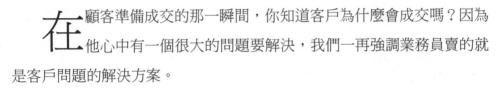

 銷售流程——
讓你能將任何產品賣給任何人

在顧客準備成交的那一瞬間，你知道客戶為什麼會成交嗎？因為他心中有一個很大的問題要解決，我們一再強調業務員賣的就是客戶問題的解決方案。

一個人想要買眼鏡，是因為他要解決視力模糊、看不清楚的問題。

一個人想要買一件衣服，是因為他覺得他有一件褲子沒有合適的衣服可以搭配，為了解決這個問題必須買另外一件衣服。

有些人會想要買汽車，是為了解決他出門身分地位不足，沒有一個代表性的東西來彰顯他的身分地位。

每一個人心中都有一個問題，所以你想要成功售出產品，就必須明白銷售就是替客戶找問題，並且把客戶的問題給擴大。

★ 你賣的是客戶的問題解決方案

在現場培訓的時候，每一位上臺的學員都必須臨時回答我提出的問題，我只要問對方一些問題，問著問著，就能讓對方聯想到他有哪些小問題，進而再讓他意識到不解決這個小問題就會變成哪些大問題，並且我還準備好解答方案等著他，他就會自動想要買我推銷給他的產品。所以懂銷售流程的人、熟練銷售步驟的人，不論你賣什麼產品，你都能用這套銷售

步驟賣出去，你真的可以銷售任何產品給任何人在任何時候，只要你學習了這套流程。我強調的是兩個字：**流程**。

一般的銷售訓練會失敗的原因，就是因為太多的企業喜歡**為員工進行產品訓練，而不是銷售流程的訓練。**

什麼叫產品訓練？就是一味地灌輸業務員產品知識，把人訓練得很會講產品、介紹產品，在顧客面前就不折不扣地變成了一個產品解說員。一味地講產品是無法把東西賣掉的，銷售是一個發問的流程，引導顧客思考的流程。

《絕對成交》教材當中有無數的示範讓你明白什麼叫做流程，是一步一步引導顧客做決定的流程，一步一步讓顧客說「YES」的流程，而不是一味地介紹產品。

一般的銷售培訓會失敗，**第二個原因就是太強調激勵**了。我也強調激勵，但是我不會完全是用激勵去訓練，因為我知道沒有動力是不可能有做事的行動，但是有了動力之後還需要方法。銷售不是靠激勵就可以解決問題，但很多銷售培訓課都是在激勵員工，讓員工不害怕衝出去，但衝出去之後因為沒有方法，而撞得滿頭包，於是挫折感更深，更沒有信心、更不敢去銷售。為什麼挫折感會變深？因為經常遇到挫折。

這是一種公司不在乎的手段，什麼叫不在乎的手段，也就是刻意讓業務員去大量拜訪，即使你會遇到很多拒絕，飽受挫折，心情低潮到想放棄這個工作，但公司並不在乎這一點，因為老闆明白業務員只要大量拜訪就一定會有顧客說：「YES」，而公司的想法就是這一批員工走掉，再招聘另一批員工就好了，公司永遠有源源不斷的新生意產生。新來的員工再

次被挫折、拒絕趕走了，但是留下來的訂單、業績已經夠公司賺錢了，公司再去招一批新人，永遠強調是衝刺，衝啊！我是超人，衝出去不怕被拒絕，大量拜訪，當然會有成交。

但是，如果我們能減低被拒絕的次數，如果我們能加大成交的比例是不是更好？如果我們沒有一套方法，只知道用「碰運氣」的方法，遇到有興趣想買的顧客會買，遇到沒興趣想買的顧客就被拒絕得很慘，被拒絕得很慘之後心情就會不好，而影響到成交率。

我相信每一位業務主管，每一位企業家老闆都不希望自己公司的員工這樣，所以我們現在來學習這一套流程、步驟和方法，學習如何問，一句話怎麼問的細節。

找出問題、擴大問題的
兩種演練模式

前文我們提到問題是需求的前身,有問題才會生產需求,客戶說要買房子,你問他最需要什麼,他說他必須要社區環境很安靜的,那表示他現在住的社區是不安靜的,很嘈雜的,所以他會產生需求。嘈雜就是筆者說的「問題」,所以「需要安靜」就是筆者所說的要求,顧客是基於「問題」而不是基於需求才做出決定。

所以你要找出客戶的問題,問題越大需求越高,顧客願意支付的價格也就越高,找到問題之後把問題給擴大,把傷口擴大。並不是真正讓客戶發生問題才去找解答方案,而是在還沒發生問題之前,先讓他在心裡面聯想到問題會很大,於是他就願意馬上採取行動來解決問題。

再一次強調,人不解決小問題,人只解決大問題,所以你要擴大問題,顧客買的是問題的解決方案。

★ 演練模式一

現在我們來學習第一個模式,對於沒有買過此類產品的客戶,我們可以這樣做:

步驟1,讓他說出不可抗拒的事實

舉例來說,假如你是賣辦公事務機的,你這樣說:「××先生,我

們都知道每一個客戶都是在看到貴公司列印出來的文件的品質去評價貴公司產品和服務的品質，所以每一張文件都代表著您公司最高的形象對不對？」先說出一些眾所皆知的事實。

步驟2，把這個事實演變成問題

然後第二句話要把事實演變成問題。你要說：「根據我的經驗，很多公司列印出來的文件品質不佳而造成顧客不好的印象，實際上那並不是他們公司真正的品質，您說是不是呢？××先生，您說是不是有這樣的問題呢？」也就是說你先講一個事實，把這個事實演變成問題，然後以這個問題讓他開始聯想。

步驟3，提出這個問題與他有關的思考

「這位先生，您如何確保貴公司在顧客面前呈現出來的每一張文件都反應著貴公司最佳的品質呢？」

「您如何確保貴公司所交給顧客的每一張文件都代表著您公司最高的服務品質呢？」

你可以透問一個問題讓客戶去聯想、去思考。讓客戶在心裡想：「對，我們公司是不是印表機也不好？」你的目的是要賣給客戶印表機，所以你要先在他大腦裡種下一個問題，就是他們公司的印表機印出來的文件品質不夠好，並不能如實反應出他們企業最高的服務品質。

再例如我是銷售培訓課程，我現在教給那些需要做企業內訓的培訓公司的方法，讓他們去銷售他們的培訓課。我希望他們公司採用我們公司所推廣的銷售訓練，或者是激勵士氣的訓練。

第一步驟，讓他說出不可抗拒的事實——「××先生，我們都知道

一家公司的銷售隊伍很少能達成老闆為他們設定的銷售目標……」於是對方就說：「是啊。」這是第一步驟，先點出不可抗拒的事實。

　　第二步驟，把事實演變成問題——「××先生，當業務員老達不到目標，他們就會怪公司，就會把很多的問題推到別人的身上，造成士氣低落，這個負面能量在團隊當中蔓延，將導致惡性循環，業績更是上不去，您說是不是？」他說：「是啊。」我先點出一個事實，不是很大的問題，接著他同意這個不可抗拒的事實之後，於是我就把這個事實演變成一個問題，他當然也會同意了。

　　第三步驟，我要讓他思考——「這位先生，您如何確保貴公司的業務人員永遠保持最佳的士氣，永遠維持最佳狀態呢？」所以他想了：「對啊，我們員工也會抱怨，也會生產負面思想，也會造成士氣低落。」當他開始聯想了，你就有機會去跟他推薦說：「假如我有好的培訓課程能讓貴公司員工士氣高昂或者是達成銷售目標，你有沒有興趣想知道一些？」這樣你就有機會講出這第四句話，因為前三句話，你把一個事實演變成問題，並且把這個問題種在他大腦裡面，讓他自己思考。

★ 演練模式二

　　接下來第二個問題演練模式，對於沒有買過此類產品的人，還有四個小步驟：

步驟1，提出問題

　　先問顧客一個問題，例如你是賣保健用品的，你說：「請問一下，您現在身體上最大的不滿意是哪方面的症狀呢？」或者「您的睡眠品質如

何？」當你希望顧客承認有一個問題，那麼，你就要提出一個他容易承認的問題。

步驟2，煽動問題

接著，你的工作就是煽風點火把那個問題給擴大。

假如他說：「我的睡眠品質不好」

你說：「不好已經多久？」。

他說：「三年了。」

「三年來您感覺怎麼樣？」你再問。

「感覺很不舒服。」

「假如未來三年睡眠還是不好，會怎麼樣？」你再接著問。

「那不煩死了。」

「生活會怎麼樣？」

「生活會很無精打采。」

「工作會怎麼樣？」

「工作會影響效率。」

「影響效率會怎麼樣？」

客戶說：「會賺不到錢。」

「會不會失業？會不會被老闆開除？那接下來會怎麼樣？」

「全家人就沒飯吃。」

「如果五年不改變，繼續這樣下去，會怎麼樣？」

經過你這樣一問，客戶一聽就會真的覺得太糟糕了。把一個失眠變成了一個他全家最大的問題，這是因為你把一個問題聯想成三年、五年，

把一個問題聯想到他的事業，影響到他的工作，影響到他全家。所以，你要把小問題變成大問題，這叫做煽動問題。

步驟3，解決辦法

也就是你要問一個「假如」，你可以這樣說——

「這位先生，假如我有一個方法可以讓您的睡眠品質提高，您有興趣想多知道一些嗎？」

「假如我們公司有一個非常好的解決方案能讓您的員工銷售成績提升，達成銷售目標，您想知道是什麼方法嗎？」

「假如我們公司所提供的設備，能確保讓您列印出來的每一張文件都是最高品質的，能提升顧客對你們的評價，您有興趣知道是什麼方法嗎？」

第三步驟永遠是問一個假如。

假如我有一個什麼辦法能如何如何地讓你達成什麼目標或者是解決什麼樣的問題，你有沒有興趣——如果前兩題問得好，第三題客戶一定會說：「YES，有興趣」。一個問題跟一個問題之間是有關聯的，就像堆積木一樣，最底層堆了一個YES，在上面再堆一個YES，在上面再堆一個YES，在上面再堆一個YES，積木越堆越高。最上面一個YES是因為有前面每一個YES而造成的，如果前面哪一個YES沒堆好，你直接拿最後一個YES，就會垮下來的。

步驟4，產品介紹

什麼叫產品介紹？就是證明你有方法去解決客戶的那個問題。

問出需求的缺口

接下來，我將為讀者講解所謂的需求的缺口。

什麼叫需求的缺口？就是針對那些已經買過同類產品的人。很多客戶他沒有買過這一類產品，表示他還沒有意識到問題的存在，並不知道問題的嚴重性，所以不想買產品，他沒有需求。

但是還有一些顧客已經買過這個產品了，表示他已發現了問題，也已經產生了需求，於是買了同類型的產品了，但是你希望客戶可以改買你的產品。例如，他用的是B產品，你想要賣給他你自家公司的產品A。你希望客戶轉為改買你的產品，該怎麼辦？客戶有需求，只是需求沒有完全被滿足，有一個需求的缺口。需求是一個圓，中間一定有缺口。

現在就讓我來介紹找出需求的四個步驟：

★ 第一步驟問出需求

這第一步驟裡面有五句話、五個小階段：

Step 1，你要問他現在用的產品是什麼──

「××先生，請問您現在是使用哪一家公司的產品？」客戶說：「B產品。」

Step 2，你要問他你最喜歡現在產品的哪幾點？──

「您為什麼會選用B產品？」他說：「喜歡B產品的一…二三」。

Step 3，你要問他喜歡的原因是什麼？──

他會說：「因為一……很重要，二……很重要，三……很重要，帶給我……好處。」前三句你了解到他被滿足的地方有哪些，他喜歡的特點是什麼，這讓你的產品找到了一個切入方向。

Step 4，希望未來產品有什麼優點或現有產品哪裡還可以改善──

你要問他：「假如未來還有一個新產品比現在您用的更好的話，您希望這個產品還要具有什麼優點呢？」他可能會說：「除了一…二…三…之外還要XYZ，」或者是你問他：「你希望現在的產品哪裡可以改善？」他說：「那就是可以有XYZ」，例如：「價格更便宜一點就更好了。」

Step 5，你要問客戶：為什麼這對你這麼重要呢？──

客戶就會說：「價格當然是很重要，我買這個B產品買了一年了，雖然這個一二三還好，但是這個XYZ不太好，這個價格這麼貴，我花了很多錢。」這時候你就知道了，他的這個圓裡面一二三是被滿足的，但是XYZ是缺口，「太貴了」是缺口，價格是個問題。以上的五個小步驟都屬於第一步驟──問出需求。

★ 第二步驟問出決定權

如果客戶沒有購買的決定權，你硬是對他做介紹也沒用，所以你要問出決定權。如果你直接問他有沒有決定權，那肯定問不出結果，這是面子問題，他一定會說：「我當然有決定權。」所以你不要問他有沒有決定

權，要不然誰都會說有。

你要問：「除了您之外，購買這個產品時還需要和誰一起做決定？除了您之外還需要取得別人的認同嗎？」如果他說不需要，表示他真的是有決定權了，如果他說除了我之外還要問我老闆，那表示他沒有決定權，他老闆才有決定權。所以，如果他沒有決定權，你就不用往下問了。

★ 第三步驟問出許可

什麼叫問出許可？這部分很重要，你以前可能學過，但你不一定學過這一項技巧──

「請問××先生，假如我有一些方法能滿足您目前使用B產品一二三的特點，並且還能提供您沒被滿足的XYZ，您允不允許我向你介紹一下？」

「假如我有一個很好的方法能夠讓你保有原有的優點，還能夠解決您在意的價格太貴的問題，您有沒有興趣多了解一些？」

「您願不願意聽我多講解一些？您要不要讓我跟你介紹一下？」先讓對方回答你：「YES」你才能往下介紹，對方若是不同意，你再繼續介紹，即使你想多講都是沒用的，因為你無法對一個關門的人去講話，也無法對一個背對著你的人溝通，因為客戶的心若是沒有打開，是什麼話都聽不進去的。

你必須取得客戶的同意才可以開始你的銷售動作。所以你要問：「假如我們公司能提供一個服務能讓你仍保有的原來優點。並且價格還能夠更便宜，您有沒有興趣多知道一些？」你希望得到的是YES還是NO，

YES你才可以往下講，若是NO，表示前面這個問題沒有問好，可能你沒有抓對需求的缺口，甚至是你還沒和客戶建立起信賴感，甚至是你根本還沒有準備好了解顧客，都是有可能的事情。銷售根本不是這幾句話就能成交的，銷售是一個流程，它前面有相應的步驟，只要環環相扣，每個步驟正確，最後就一定能成交。

★ 第四步驟才是產品介紹

他如果說可以，你才可以開始介紹。證明你的產品是怎麼滿足他的一二三，並且還能滿足他想要的XYZ，是如何能減低他成本的。

銷售是一個流程問題，從頭到尾你必須每一個步驟都做正確，只要一個步驟出問題了，結果就不一樣。

第一步驟▶準備，你沒準備好，有可能影響成交。

第二步驟▶調整自己，維持在最佳狀態。

第三步驟▶建立與客戶的信賴感。

第四步驟▶找出問題、需求與渴望也很重要。

第五步驟▶塑造產品價值。

第六步驟▶分析競爭對手。

第七步驟▶解除顧客抗拒點。

第八步驟▶開口要求成交。

只要前面七個步驟做對，成交是自然的。假如無法成交，表示你前面七個步驟當中有一個步驟做錯了，可能要回去從頭再來一次，只要流程正確，結果一定正確。

問出購買的需求

接下來我們要問出購買的需求。剛剛前面的章節是找問題，刺激問題，擴大問題。現在是問題已經激發出來了，你還需要做一件事情——

「××先生，請問您買房子的時候最重視的條件有哪些呢？」

客戶說：「第一考量是樓層、第二是社區、第三是格局、第四是價格。」

你接著問：「××先生，除了這四點還有其他的嗎？」

「沒有了。」

「××先生，請問怎樣才算好樓層？例如說不能低於五樓。」

「××先生，怎樣才是好的社區呢？」

「必須24小時有警衛保全。」

「××先生，怎樣才是好的格局呢？」

「我要向南面的。」

「這位先生，怎樣才是好的價格？」

「一坪不能超過15萬元。」

所以你掌握了這一套需求清單了，接下來你要問客戶：「××先生，假如有這樣的房子您會選擇它嗎？」他當然說會了，因為前面這一套

需求清單是他自己說出來的。所以問這個問題是不是很重要？

「××先生，假如我能提供您這樣的房子，您會跟我合作嗎？」

對方很大的機率會回答：「會。」

如果他說「不會」的話，表示這不是需求問題，肯定是你有問題了。「××先生，假如今天就有這個符合您需求的房子，您會做決定嗎？」客戶答：「會」。

客戶如果連續答三個「會」，他已經答了三個問題了：第一「有這樣的需求我買」，第二「你有的話我跟你買」，第三「今天有的話，我就跟你買」。客戶承諾你這三件事了，他的YES、YES、YES堆到最後快要到成交的地步了。這就是問出購買的需求。

假如今天你要成交一個人才，這個人才你很想錄用、爭取他，你會怎麼問？

「請問你在選擇一個企業上班、選擇工作條件時，你最重視的條件有哪些？」

他說：「薪資和休假時間，第三個是工作環境，第四個是否有發揮能力的舞台，第五個是同事關係」

而這五個叫做需求。但是你還要對他提出來的需求進行詳細的定義：「你認為多少薪資才是好薪資？你認為多少放假時間才合適？」

他說：「一個禮拜不能超過40個小時。」

你問他：「怎樣才叫好的工作環境？」

他說：「必須有獨立的辦公室。」

你問他：「怎樣才叫做有好的發揮舞台？」

他說：「必須是符合他專長的工作。」

你問他：「什麼才叫好的同事關係？」

他說：「必須給他一個很好的工作環境，如果同事經常吵架，或背後放槍的話，他就不想做了。」

於是了解完這幾點之後，你說：「假如有這樣的工作，你會選擇它嗎？他答案只有個：一個會；一個不會。如果他說「不會」，你不要怕，他沒有拒絕你，他拒絕的只是這個需求清單而已，表示他對自己列出來的東西打嘴巴了，他還沒有列得很清楚。這時，你就說：「可見還有你沒有列清楚的，你可以再告訴我還有什麼你沒有列清楚的嗎？」「不是沒列清楚，只是我覺得薪水不能低於四萬。」所以我剛剛講四萬，他是覺得太低了，必須一個月五萬，而且還有勞保和退休金。「既然這樣的話，如果我能符合這樣的條件需求，你會選擇這個工作嗎？」他說：「會。」就表示這個需求沒問題了。

接下來，你要問他：「假如今天就有這個機會，你會做決定嗎？」他的答案只有兩個：一個會；一個不會。如果不會表示今天不會做決定，你也不用要求他做決定，你一定是前面哪個尋找問題的步驟出問題了。

那麼第三個你要問他：「那假如是我推薦你給我們公司的話，你會與我們公司合作嗎？」他如果說「會」，那恭喜你；如果他說「不會」，表示他不想接受你的推薦，這個需求雖然沒問題，但是不想接受你的推薦，就表示他是對你這個人有意見。

以尊重顧客的需求去問他，讓他按照自己的想法下決定，這就是銷售。而不是拿著產品強加給他，讓他聽你介紹產品，硬要他買下你的產

品。

今天你賣的是手機,你就問客戶:「請問您買手機,您選擇的條件有哪些呢?」就這麼簡單。

你如果是賣電視機,你就問客戶:「買電視,您考量的條件有哪些呢?」然後把他的條件列出來,再去對每一個條件做詳細的定義,就這麼簡單。你要的就是框住顧客,讓他說「YES」,只要他承諾了,他是不會自打嘴巴的。

問到最後,你再亮出產品推銷給他的時候是完全符合他需求的,就會成交了。讓顧客很認真地告訴你他的需求,這就是一步一步讓顧客下決定的方法。

如何找心動鈕——
探測顧客的購買關鍵

接下來，我們再次複習找出顧客的問題、需求與渴望。這一小節講的是如何找到客戶的心動鈕——即如何探測顧客的購買關鍵。

一位太太去看房子，她很喜歡那房子的游泳池，她回去和她的先生說：「我終於找到我們夢想中的房子、夢想中的游泳池了，今天我們就去付訂金吧。」

她先生說：「等一下，妳先冷靜一下，千萬不要這麼興奮，看到房仲員的時候，妳不要講妳喜歡游泳池，知道了嗎？」為什麼她先生這麼講？就是怕她太太露出很喜歡游泳池的感覺，這樣就殺不了價了。她先生在房仲員面前還故意抱怨，這個天花板不太好，價格你要算我便宜一點。

他太太此時正在窗外看著游泳池，那個房仲員就跑過來說：「這位太太，請您看這個游泳，視野剛剛好看到全部的游泳池畫面，請想像一下你們全家假日在那裡游泳的感覺是多快樂啊。」

這位婦人說：「對對對，是很快樂。」

可是她先生一看說：「不對。」

她先生接著說：「這個地板有些舊了，你要算我便宜一點。」

房仲員說：「您看您太太多喜歡這個游泳池，您來窗邊這裡看看

125

吧，太太，妳看這個游泳池，想像一下您孩子大了，在游泳旁邊變成游泳健將的感覺，是不是很棒，想像您和老公兩人在泳池裡面鴛鴦戲水的感覺有多美好，想像一下在陽光底下曬太陽的感覺。」

「對對對對」，那位婦人越說越興奮了。

她先生說：「你過來，過來，別跟我講游泳池了。你看這個牆壁有多糟糕。」

「您看您太太多喜歡游泳池，對不對，太太？」

那位太太說：「對對對對。」婦人的心動鈕已經被房仲員找到了。房仲員只要按下那個心動鈕，婦人就會興奮，所以這個房仲員就不會被人家砍價，成交就變成是很容易的事情了。

如何探測顧客的購買關鍵？**找心動鈕有三大步驟：問、聽、看。**

1. 問什麼？

你可以問客戶四個部分——第一是家庭，第二是事業，第三是興趣，第四是夢想目標。

問他的家裡有多少人、有哪些家庭成員，住哪裡，做什麼事業，為什麼會做這個事業。問他的興趣，問他喜歡週末去哪裡玩，有什麼運動、嗜好、高爾夫球打了幾年了，將來他的夢想是什麼，他的目標是什麼呢？就是要多問，採多問輪盤戰術。東問西問之後，然後傾聽。

2. 聽什麼？

第一，你要聽客戶的第一反應。有時候你一問到他孩子。他的反應是很積極的，那就表示他的心動鈕可能是孩子。第二，聽客戶講了老半天故事或者是解釋——我跟你講我孩子當初讀書沒有好好讀，但他很聰明

的，如果他一直和你聊孩子的事，表示他很在乎他孩子的學業、成績。第三，聽客戶不斷重複講的事情。聽他的語調講到孩子時候可能特別高音或低音，「我孩子，算了別提。」若是這種語氣表示他可能對他的孩子很重視，但是孩子讓他失望了。

所以第一是問，問四大問題：家庭、事業、興趣、目標。再來是聽聽他的第一反應，聽對方講老半天的故事，不斷重複講的事，聽他的語調。

3. 看什麼？

第一是看客戶的表情語言。因為每一個人的笑容、每一個人的眼神都會告訴你一些他特別在乎或者是不在乎的事情。

第二個是看他辦公室裡、屋裡的東西，有人會放全家福相片，這就表示他特別重視家庭，有人會放有跟誰合照過的相片，就代表他特別崇拜這個人，或是有他得過獎盃的相片，可見他特別喜歡這項運動。所以仔細觀察別人辦公室裡放些什麼物品，可以讓你更了解這個人。

第三看客戶的立即反應。什麼叫看立即反應呢？就是你一講到什麼東西、事情，他的反應就特別強烈，這時候就表示他特別在乎這些事情，而你就可以朝這個方向去發揮。

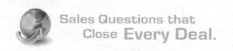

塑造產品價值的方法

找出顧客的問題、需求與渴望之後，你就要去塑造產品的價值。現在塑造產品的價值實在是非常多，這裡只講最重點的東西。

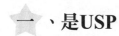一、是USP

USP（Unique Selling Point），表示獨特的銷售主張，也就是一個產品最獨特的賣點，你要抓住這個產品獨特的賣點，朝這個賣點去塑造。

想一想，你的產品有沒有某一個特點是只有你能提供，別人無法提供的？是競爭對手提供不了的好處，如果有的話那就是你獨特的賣點。例如，產品的品質最佳，質感超好，所以它貴得不得了，這也可以是獨特的賣點。你的產品服務最好，最長久、有完整的全世界保修服務，也可以是你獨特的賣點，而這個就是你要用心塑造的。還是產品品種最齊全，或是產品的功能最齊全，或產品的價格最便宜。

你有沒有用過關鍵字「最」和「唯一」？如果有的話，那就是你獨特的賣點。你強調這一點，就等於是在塑造產品價值了。

二、是利益

什麼叫利益？你別老是和你的客戶談產品的成分，你要多講產品能

帶給顧客的好處和利益。如果你是賣電腦的，是要講「我們的電腦有多大記憶體，我們的電腦是什麼處理器的⋯⋯」那些東西都是專業名詞。客戶聽得到嗎？不對，你要對你的客戶說：「我們的電腦因為它是什麼處理器，所以它能為你降低多少的維修成本，提升多少的工作效率，它能為你節省多少人力成本，加快多少辦事速度？因為它能為你降低成本，提升利潤⋯⋯」這才是老闆愛聽的，賣產品就要賣好處，而不是賣產品的成分。

三、最快樂

你要讓客戶聯想到擁有這項產品能帶給他多大的快樂。

四、是痛苦

什麼叫痛苦？你可以對你的客戶說：「請你想像一下你的團隊不斷流失人才，那你要損失多少錢？付出多少代價？你因為不懂成交技巧已經多少年了？損失了多少錢？繼續這樣下去五年會損失多少錢？繼續下去這樣十年會損失多少錢？想像一下你事業倒閉兩次、三次你才學會教訓，這是你要的嗎？如果不是的話，是不是現在就下決定來，學習如何成交顧客、成交人才？」這叫做用痛苦來塑造產品的價值。

當你學會了我這本《絕對成交》，你會很容易就把自己變成賺錢機器，因為賺錢太快、太直接了。

五、是理由

你要給客戶一個合理的邏輯，給他一個理由，客戶看了服裝很想買

那是一種情感，他試穿了很好看，那是一種情感，但你要他掏錢買下來的話，你就要給他一個理由。

「這位先生（這位太太），您的服裝雖然已經有多種不同的顏色，但是您獨缺這個顏色，在有些場合就需要這個顏色，當您在一個場合顏色穿得不對的時候，也許會讓你失去主人的身分了，所以這件衣服是有備無患的，寧可衣櫥多了一件這樣的衣服，可是您的面子、您在重要場合的面子那可是大於幾千元，您說是不是？」給他一個合理的邏輯跟理由，人需要合理的理由才會去做某件事情。他有些心動是因為情緒被激發了，但他不想承認。這叫情感的邏輯，給他的情感一個合理的邏輯。

「先生您知道嗎？這條領帶才不過一千出頭，但是您穿同一套西裝、同一件襯衫，只要換上不同的領帶，整個人的感覺就都不一樣了，如果您要去買一套要價好幾千元甚至上萬元的西裝，還不如買一條領帶來得實際。即使穿同一套西服襯衫，只要天天換領帶就有不同的感覺對不對？所以可以多買幾條。」只要你給他一個合理的理由，即使他領帶再多，還是可以再買一條的，人雖然是因為感覺來做決定，但還是需要理由來合理化他的購買行為，因為沒有人是希望他自己顯得很衝動，所以人需要理由來合理化他的行為。

「您的車子雖然還能開，但是耗油多，您知道嗎？算一算，維修費用要多少？現在只要把每年的維修和耗油加在一起，再貼一點錢就足夠買一台新車了，您知道嗎？所以為什麼不開好一點的車子，您不用多花多少錢，更何況開一輛新車，更能為您的形象加分，而帶來更多的生意，使您多賺多少錢。」

「新車是人人都愛、都想擁有。一個人不買新車或不買新衣服的原因都一樣，他捨不得買，舊車雖然耗油，要常常維修，但是費用是分次支付的啊，但買新車就不一樣，一次就要花一大筆錢，雖然買新車很有面子，但是你知道嗎？開新車危險，開舊車也是能開，我還不如把錢省下來投資在別的項目上面。你說是不是呢？」客戶也可以找這些理由，什麼事都有理由的，塑造產品價值就是──你要給客戶一個說服自己購買的理由。

六、是價值

最後一個是價值。什麼叫價值？「您知道這一瓶玫瑰精油要經過多少工序嗎？88道工序。您知道這88道工序要花費多少朵玫瑰花嗎？999朵玫瑰。阿爾卑斯山的天然雪水混合在一起，如果您要親自去採玫瑰，親自精煉精油，經過88道工序的話，要花費七七四十九天的時間，還要花多少成本。」所以美容師這樣一介紹後，是不是就感覺這瓶小小的精油為什麼要賣上千元，原來貴就貴在這裡。這就叫做「價值」。

你要說出它有多值錢。這個房地產才50萬你也不一定買，因為它沒有價值。另外一套房地產500萬？你要如何把它的價值說出來？「這周圍已經不可以再蓋同樣的房子了，周圍有行政機關，有外商公司，有500強企業，有幾萬名白領，但是附近這樣的高檔公寓已經沒有了，多麼稀有，前面有水後面有山，左邊有公園右邊有綠地，您知道嗎？這一棟房子已經是這個地段當中獨一無二的了。」

你要去塑造你產品的價值，計算出來，呈現在客戶面前。顧客買的

是什麼，世界上最好賣的是什麼，你就去賣什麼就對了。世界上最好賣的東西是什麼？是錢。只要他覺得今天投入的金錢，明天會帶來回報，他一定會買。人人都喜歡錢，你要將你的產品能帶給客戶多少的財富、多少的收入，能幫他多賺多少錢，都一一算給他聽。

以上為讀者介紹的銷售技巧，都是在教你如何了解顧客，引導顧客。

銷售是一個尊重顧客心理流程的過程，銷售是一步一步引導顧客心理做決定的過程。

第 **5** 章

輕鬆化解顧客的
抗拒或不買的理由

Sales Questions
that Close
Every Deal

顧客產生抗拒的七大原因

在這一章我們先來詳細講解完美成交的第七步驟，即如何解決顧客的抗拒點。

我們首先要研究，顧客為什麼會有抗拒點。主要有以下七個原因——

一、無法分辨準顧客

什麼叫準顧客？

1. 對產品有理由產生興趣的人。你今天要賣遊艇，你不能跑去沙漠賣，你去沙漠賣當然會遇到抗拒，因為那裡的人沒有理由要買遊艇。

2. 有經濟能力購買的人。沒有錢，客戶當然會抗拒不買。

3. 有決定權購買的人。客戶沒有決定權，當然會有抗拒點了。

4. 傾向於購買的人。

分析準顧客的條件非常重要，只要你常常去找準顧客，你遇到抗拒的機率就會變小。

二、沒有找到需求

你沒有針對別人的需求，當然會遇到抗拒。明明人家現在要找一份工作，是想要薪水高的，你偏偏跟他講，我們的工作可以學到很多。這是沒有用的，薪水達不到他的需求，他就是不會想來上班。所以要根據客戶明確的需求去行銷。

三、沒有建立信賴感

顧客根本對你沒有信心，還不夠信任你，所以，你的產品再好，他也不敢下決定，當然會有抗拒了。

四、沒有針對價值觀

價值觀就是一個人心中認為重要的事情，每個人心裡都有自己認為重要的事情，你若是沒有針對客戶的價值觀去說服他，反而還違背了客戶的價值觀，別人自然就要給你吃閉門羹。

五、塑造產品價值的力道不足

你沒有塑造出產品的真正價值，所以顧客在買之前，還在猶豫不決，怕自己買貴了、被騙了。如果你能把產品的價值塑造得很高，客戶反而會搶著要買。記住，產品價值一定要塑造到價值大於價格。

六、沒有先準備好解答及解決方法

例如我明明知道很多客戶都嫌我的課程很貴，所以我接起電話來就

會說：「喂，請問您怎麼會打電話來我們公司？是想諮詢什麼呢？」

「我看了報紙，你們有一個課程叫做Money Machine，多少錢？」

「我們的Money Machine很貴。」

「多少錢嘛？」

「很貴。」

「到底多少？」

「這樣的價格，老闆才上得起。您確定要上嗎？」

「到底多少錢？」

「6000。」

「才6000，不貴嘛，那我要報名兩位。」

…………

　　為什麼我要這樣說？因為我先把很貴的感覺塑造出來，老闆才上得起，如此一來就把客戶的期望給拉高了，所以當我報出價格的時候，他反而覺得6000元也不是很貴。但是如果我一開始就說Money Machine一個人報名要6000元，客戶一定會覺得很貴。我有一個事先解決別人的抗拒點的方法，我就必須事先提出，不要等別人提出了你再去解決。

　　例如客戶說：「沒時間。」我再去解決：「沒時間你也要抽時間來。」這樣是沒用的，那麼應該怎麼做呢？

「我有免費的票要送您，您想不想來？」

「免費的？那就去啊！」

　　客戶這樣說，就表示他有時間。有時間那接下來只剩錢的問題了，對，多少錢一張票？我用免費的票來套出時間他是有的，這就是一種事先

準備好解答，事先提出的方法。

七、沒有遵照銷售的流程

在銷售的過程中，如果你沒有遵照銷售的流程走，你就會遇到抗拒。我一再地強調銷售是流程的問題，只要中間一個環節出問題了，無法成交是正常的，會有抗拒也是正常的。

給顧客打預防針──
預料中的抗拒處理

預料中的抗拒處理有三個步驟。

★ 第一個步驟：主動提出

什麼叫主動提出呢？你自己先把顧客可能會有的問題，即使是你的產品的缺點也要提出來。

★ 第二個步驟：誇獎顧客

你要去誇獎、讚美這個問題，讚美產品，讚美這個缺點。

★ 第三個步驟：把抗拒當成一個有利的條件

例如，客戶來電訂貨說：「我要買型號××這台電腦」。

我說：「好啊，你快下訂單付款吧。」

客戶說：「那今天能不能送貨呢？」

我說：「不好意思，目前缺貨，隔兩天才能拿到貨。」

客戶說：「這樣，那我不買了，我去別家買。」你看，每一個人都希望付了錢就能馬上拿到貨，所以缺貨這缺點要怎麼解決呢？我化缺點為

優點。

「先生，這台電腦是我們這邊最搶手的，您知道？新到的貨一到就被搶光，因為太多人預訂了。先生您要嗎？您喜歡的話，就趕快預訂，否則等貨來了還是會優先給預訂的人。到多少貨都不夠，要買的話，真的要快哦。」

我主動提出它是缺點，我說它已經缺貨了，我誇獎它，並且把缺貨當成是對我有利的條件。我剛剛來中國大陸講演的時候才22歲左右，我當時一上臺每個人都說你太年輕了，中國人普遍認為嘴上無毛辦事不牢，所以每一個人都不願意聽我演講。怎麼辦？這是個問題，所以我要化缺點為優點。所以，一上臺我就問：「各位，你們今天來聽演講，是想要學會快速達成目標的方法，還是慢慢達成目標的方法？」

台下的人一致說：「快速。」

「假如你跟一個五十歲的人學習他幾歲成功，你大概也幾歲成功，因為你跟成功的老人學，他只能教你慢慢成功的方法，那是他的經驗。今天我二十歲出頭，就突破自己外在條件的年齡限制，激發自己的潛力而有今天的成功，就表示我能教你們快速達成目標的方法，你們說是不是？」

「是。」

年輕本來是缺點，卻被我說成了優點。這就是預料中的問題處理。主動提出來並誇獎它，把它當成是有利的條件。

如果顧客已經提出抗拒問題，怎麼辦？還有，提出抗拒問題以後要怎麼解決呢？

★ 判斷真假

什麼叫判斷真假？判斷真假就是你要先知道他講的是真話還是藉口。你的大多數顧客跟你講的問題絕對都是藉口，比如：「我要考慮考慮」是藉口，「太貴了」也通常是藉口，「明天再說」也是藉口。

顧客太喜歡講藉口，為什麼？這有兩個原因。

1. 他怕講出真話

你是訓練有素的業務員，萬一講真話被你給說服了，他就得買了。所以他乾脆講個假的，放煙幕彈給你，讓你去解決那個問題。於是客戶便用了調虎離山之計，他就可以抽身了。他故意說我明天就來買，他故意說我回去考慮考慮，其實，這些都是假的。

2. 顧客不好意思拒絕別人

大多數的人害怕被拒絕，也害怕拒絕別人。所以顧客只好說，不是你不好，是你的產品我已經有了，你講的非常好我打算明天就買。客戶講假話的原因是因為不想拒絕你，他怕拒絕你他太難看了，就是因為客戶不敢正面拒絕你，你更要勇敢地找出真正的問題，並把它解決掉。因為他害怕拒絕別人，所以他意志力薄弱，你更應該加把勁賣給他。

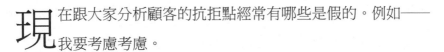

判斷真假，套出真相

現在跟大家分析顧客的抗拒點經常有哪些是假的。例如——

我要考慮考慮。

我要和某某人商量商量。

到時候再來找我，我就會買。

我從來不一時衝動下決心。

我還沒有準備好要買，太快了。

這些話全是藉口，顧客心中真正的原因是什麼？

第一沒錢，第二有錢捨不得花，第三借不到錢，第四別家更便宜，第五不想向你買——這才是他們不買的真正原因，但他們喜歡講假藉口，我講的也許只是一些經驗，當然不一定絕對是這樣。可是這個經驗提醒你，顧客可能是騙子，他們經常是口是心非的。

你想想，你自己當顧客的時候，有沒有騙過別人，講過藉口？你自己當顧客的時候，有沒有說過謊話？有沒有本來你想買某一個產品，但是想再去別家比較比較？你就故意說我明天再來買，但實際上你明天不會來買。有沒有這種情況？一定有。你也當過騙子，所以你千萬要記住，不要隨便被顧客的藉口所騙，聽到顧客的抗拒點要懂得判斷真假。

★ 第一個步驟：假的不行，你要套出真相

舉個例：有一個賣家具的，他問我要如何套出真相？很簡單。

顧客買沙發時說太貴了。

「太貴了，您預算不足，是吧？」

「對，我預算不足。」

「這裡還有一套沙發特別適合您家，那個顏色、款式和設計，剛好就符合您的需求，不過剛好超過您的預算一點點，您要看看嗎？如果您要看的話，我可以搬來，如果你不要看沒關係。」

這樣一問對方只有兩個答案，如果客戶說要看的話，就表示預算不是問題了，因為剛剛你說超出了一點點的預算，可是沙發很適合顧客要的風格，他說要看，表示他的預算是可以超出的。客戶如果說：「我不是跟你說過預算不足，那怎麼看？」那表示客戶的預算真的是不足。

★ 第二個步驟：你要確認這是唯一的真正抗拒點

「請問一下這是今天您唯一不能跟我成交的原因嗎？」「請問這是今天您唯一不想跟我合作的原因嗎？」「請問這是您今天唯一不能買的理由嗎？」假如答案是NO，表示這不是真的抗拒點，那還有別的抗拒點。假如他說YES，那就可以進行下一步驟。

★ 第三個步驟：再確認一次

換句話再確認一次，「要不是因為太貴了，你就跟我買了對不對？」換一種問法，把前面的問題再確認一次。他如果說：「要便宜

點。」你再問：「要不是因為價格還不夠便宜，否則您就買了是不是？」他說：「是。」再確認一次以判斷真假，如果是真的，往下走。「請問一下價格是今天你唯一不能跟我購買產品的理由嗎？」他說「是。」「要不是因為價格太貴了，你就買了是不是？」他說「是。」等於你用兩句不同的話確認了同一個抗拒點。

★ 第四個步驟：測試成交

什麼叫測試成交？

「我很好奇假如我能讓價格便宜一點，您會買嗎？」

「我很好奇假如我能讓價格看起來很公道，您會買嗎？」

「我很好奇假如我給您打折，您會買嗎？」

「假如我能跟老闆申請到優惠價，您會買嗎？」

「假如我能證實這個產品是物超所值的，您會買嗎？」

你要問他一句「假如我能如何如何，您會買嗎？」假如他說：「會」，那接下來你只需要證實價格是物超所值或是打折降價即可。

如果客戶說：「不會。」表示錢不是問題，錢就不是他的主要抗拒點了，表示那個抗拒點是假的，也就是說他前面說的價格問題是騙你的，你要去依據套出真相的具體步驟來找出客戶真正的抗拒點。

「這個價格是你今天唯一不能購買的理由嗎？」

「是。」

「假如我算您便宜一點，您就會買了？」

「是。」

「我很好奇，假如我能給您優惠價，您今天會不會跟我購買？」

如果客戶說不會也好，於少你還沒有去嘗試成交，至少你還沒有去解答他的問題，去降價。

有些人不懂：

「這件大衣多少錢？」

「7000元。」

「算便宜一點吧！」

「好吧！6000。」

「再便宜一點。」

「好吧！5500。」

「再便宜一點吧。」

「請問您到底要不要買？」

「我考慮考慮……」

結果，客戶套出你的底價了，但他還是沒買。那麼應該怎麼問才正確？

「這件大衣多少錢？」

「7000元。」

「你算我便宜一點吧。」

「對不起，不能再便宜一點。」

「我買兩件。」

「您今天就要買嗎？」

「是啊。」

「請問您是要刷卡還是付現？」

「那你要再算我便宜一點吧。」

「您的確要買了是不是？您有確定的話，我可以問一問老闆。」

…………

所以，業務員一定要掌握主控權。以上我所示範的正是一種主控權。

在前面我講的解除抗拒的步驟當中，我要求你問對方：「假如我算您便宜一點，您會買嗎？」我是假設客戶的抗拒點是價格問題。而客戶的問題如果有很多，你都可以說假如：「假如您問過家人，您就會買嗎？」「假如我能調到那個款式您就會買嗎？」「假如我的服務延長兩年期限您會買嗎？」「假如……您會買嗎？」如果客戶說不會，你只需要再次套出真相。

當客戶表達，這是今天我唯一不能購買的原因，你說：「假如我今天能讓價格低一點，您會買嗎？」他說：「是的，我會買。」「OK，那麼我申請一下。」或者接下來你可以以完全合理的解釋去回答他，去解決他真正的抗拒點。

★ 第五個步驟：以完全合理的解釋回答他

「先生，這樣吧！假如我能跟你證明，這個是物超所值的，您是否就會買了呢？」

「會啊。」

「其實是這樣的，我們公司年前面臨一個抉擇就是可以用更低的成

本製造這個產品，讓它賣給消費者的時候是最便宜。但我們還是決定額外投資研發成本，讓產品的功效達到最佳狀態，雖然它相較其他產品是貴了些，但長期來說反倒是最便宜，因為你第一次就把東西給買對了，分攤到長期的使用成本來說，其實你每一次使用的成本是最低的。××先生，我們往往都聽說過好貨往往都不便宜，便宜沒好貨，所以，我們公司最後決定寧可一時為價格解釋，也不能一輩子為品質道歉。顧客只是暫時在乎價格，但當顧客買回去以後他在乎的就是品質。因此，我們公司最後決定寧可讓您買品質好，價格稍貴一點的，也不要讓您去買次級品，您應該為我們公司的決定感到高興才對，您說不是嗎？」

「是啊。」

「所以，這位先生我回答你問題了嗎？」

「回答了。」

最後一個步驟，繼續成交，就是要求成交。

化缺點為優點

現在我們來詳細講解「以完全合理的解釋來回答」這一部分。化解抗拒的解釋只有一個原則：化缺點為優點。

例如我們看一張佰元鈔票，可能你會看到國父孫中山像，但是在同一個地方我可能看到陽明山中山樓。怎麼會這樣？因為是角度不同。所以一體一定有兩面。

顧客反應太貴了，你要告訴他：「是的，就是因為這產品（價格比較高）今天我才來找你買，因為像您這樣有品味、有地位的人怎麼會買次級貨，我怎麼敢賣您爛東西？要用就要用最好的，而我以能代表市場上最好的公司為榮為傲，只有最好的公司才能賣最好的產品，只有最好的人才才能進最好的公司。」

等於你把「貴」翻過來讓他知道，什麼是貴？因為品質好、服務好。這就是化缺點為優點。

客戶反應：「你們公司是小公司，我才不要跟你們做生意。」他看到這一面，你要翻過來說：「就是因為是小公司。您才應該跟我們做生意，因為我們更重視顧客。我們上至總裁下至每一個業務員都會親自服務你，但是，對於大公司而言，您只是其千萬名顧客中的其中之一，大公司怎麼會給您這樣周到的服務呢？」

　　人才不願意加入你公司。你要說：「是的，我們就是因為公司小，你才更應該快點加入，因為那些大企業的元老都是創業初期進來的。」你要讓對方知道小公司的優點。

　　立刻化缺點為優點。每一個缺點也都是一個優點，太貴了是缺點也是優點，公司小是缺點也是優點，客戶不買的原因就是他應該購買的理由。

　　再例如，你賣保健品，顧客說，我才不買保健品。

　　你應該回答：「對，正是因為這個原因我才要找您買。」為什麼？「因為您從不吃保健品，表示您的身體現在處在一個不夠注意健康的狀態之下，所以您更需要吃保健品，今天我的使命就是讓不懂健康的人懂健康。如果您已經在使用保健品的話，還找您幹什麼？」

　　如果他說：「我家裡很多保健品了，你找我幹什麼？」

　　「對，就是因為您已經有很多保健品，我才找您買這個保健品，因為那些不重視健康的人我懶得找他，您家有這麼多保健品品牌表示您重視健康，來告訴我您都買什麼了？買維他命C、買鈣片，您還買幫助腸胃消化的，今天您還缺一個，只要這個就全部都齊全了。我是讓您細胞健康，全身細胞都健康，不是等於什麼都健康了嗎？」

　　顧客不買的原因就是他應該購買的理由，不管顧客說什麼，你永遠可以說：「對。這就是今天我來找你的原因。」接著你再將他不買的那個原因去找出一個正是因此他才應該買的理由。

　　所有抗拒的解答方案都可以用這個方法來發展出一套非常好的解釋，因為這是一個真理，凡事都有一體兩面，這個真理你要是真的通透的話，你就能成為一個銷售大師、說服大師、領導大師。

第 **6** 章

洞悉顧客最常用的
十大推託藉口

Sales Questions
that Close
Every Deal

在解除顧客的抗拒的內容裡我曾經提到過，解除顧客的抗拒有一定的步驟。

第一個步驟要先判斷真假。大部分顧客講的是藉口，所以是真的你就繼續問他：「這是否是你今天唯一不能購買的原因？」OK，他說「是」。

接下來的第二句你就要問他：「除了這個原因之外還有別的原因嗎？」或者是換句話說：「要不是因為這個原因，否則你就買了，是不是？」你希望顧客說「是」還是「不是」？當然是「是」。

接下來，如果你連續兩次問他，回答都是「是」的話，表示這可能是今天唯一的抗拒點，是真正的抗拒點。經過了兩次檢測，並且也套牢了顧客，鎖定他這個問題，而不會在你解決後又冒出其他的問題。

很多人在做業務的時候發現，顧客說太貴，你解釋完半天他又說別家更便宜，你解決完半天他又說他要考慮考慮考慮。解決完半天，他又說他要問別人有沒有這種情況。這是因為你沒有鎖定客戶的抗拒點，所以現在經過鎖定，知道了顧客唯一的真正抗拒點後，接下來要再問他：「如果今天我能如何如何解決你這個問題的話，你會下決定嗎？」你希望顧客說會還是不會？當然是會。但是如果他說不會的話，表示這不是唯一的真正的抗拒點，還有其他的，表示客戶自打嘴巴了，也就是說他把前兩個答案又推翻了。這對你來說並沒有壞處，因為你也還沒有去成交他。他拒絕了你嗎？沒有，他只是拒絕他自己，他只是證明他自打嘴巴了。所以在這樣三次套牢的反問，套牢的檢測，鎖定了他的問題。如果他都是YES、YES、YES，對你來說，真是太棒了。

　　接下來你只需要拿出合理的解答，證明你能解決他心中的抗拒點，就可以成交了。如果他這裡面有任何一句話是NO的話，那表示：第一，你並沒有判斷出他真正的抗拒點，或者客戶是騙你的。而經過檢測、檢測再檢測，還是證實他是假的、是藉口，怎麼辦？是藉口，你就必須讓他說出真正的抗拒點，才能往下進行第三次套牢檢測，你問：「如果我能證明，我能解決您這個問題的話，您今天會買嗎？」如果客戶說：「會。」接下來我們只需要繼續成交好了。

　　這是一個完整解除抗拒的流程，在你讀這本成交培訓的教材當中，你將學會解決任何的抗拒，只要你發現抗拒，解除就是要遵循這個程式、這個流程。只要我們一提到請回到解除抗拒的那個部分，就是指這個流程，這叫解除抗拒程式。

　　接下來，我們將在解除抗拒這個部分，學習怎麼解決顧客最常說的十大藉口，與各位分享的解答方案。「這是今天唯一不買的原因嗎？除了這個之外還有別的嗎？」換句話說，「要不是因為這個問題，否則您就下決定了對不對？」「如果今天我能解決您的問題，您會買嗎？」如果他說會，接下來你就要拿出合理的解答去解決他的問題。這個合理的解釋必須有一套說法，必須有一套合理的話術，銷售就是話術的問題。

　　現在我所分享給你的這個培訓訓練，你必須背下來，這一套又一套合理的解釋都必須背下來。只要你在顧客面前遵循這個程式，到該拿出這套合理解釋回答的時候，把它給背出來，你就能成交。

　　只要你把我教你的方法背下來融會貫通地使用的話，就能帶來收入。你願意去背這些話術嗎？不要再自己研究、自己摸索、自己揣摩了，

先死記硬背把我教你的話術背下來，並融會貫通，接下來你才可以發展出在顧客面前非常靈活的銷售技巧，問出非常經典的銷售問句。在接下來的這一章，我們就來分享這些話術。

顧客的藉口，通常你統計一下都差不多。只要你把顧客常常會推託你的問題通通總結在一起，你會發現不會少於六個，也不會超過十個，大約是六～十個，雖然很多業務員都懂得去整理、分析，卻沒有這套解答方案，當然也背不下來任何的解答方案，所以在顧客面前就經常會被同樣的問題給拒絕，就好像你每次在跟顧客交手的時候，對方總是用左勾拳，但是你卻不知道，這個左勾拳又要出來，你又被左勾拳給打垮了。

既然你分析你的每一位顧客都會提某些藉口，你應該把這些藉口統合在一起，然後計算一下這些藉口到底是哪些，把它們歸類完成之後並擬出很棒的解答方案，然後讓全公司的人背下所有的解答方案，這樣全公司在遇到同樣的問題的時候，左勾拳來了就自然能夠兵來將擋，水來土淹。

我的每一場銷售培訓課，都建議現場的企業家去進行這樣的工作，他們都同意也都願意，但是都挪不出時間，也沒有這個軟體，也沒有這個思考模式去思考這些回答話術，但業務人員都很渴望得到這套東西。所以筆者特地與所有企業家，所有業務人員分享這一套多年以來，由本人總結出來的可以說是葵花寶典，來讓大家可以徹底地學到這一套必殺絕技，領略見招拆招之效。

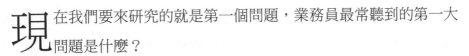

藉口之一：
我要考慮考慮

$現$在我們要來研究的就是第一個問題，業務員最常聽到的第一大問題是什麼？

有很多顧客常常在銷售最後的時候對你說：「我要考慮考慮」、「該怎麼回答？我先思考一下考慮考慮。」真的是客戶想要考慮，還是大部分都是藉口，答案顯而易見，大部分都是藉口。所以你要解決的不是任何實質的問題，而是排除客戶的藉口，讓他說出真正的原因。葵花寶典的第一招第一式，現在要教你的就是解除「考慮考慮」的問題。

當你一聽到顧客說：「我要考慮考慮。」假設他是男性顧客，你第一句話可以這樣說：「某某先生，太好了，想考慮一下就表示您有興趣了，是不是？」我們來看一下這句話為什麼要這樣講。

首先你要先肯定對方，不要聽到任何的反對意見或者藉口你就跟他反駁。和客戶針鋒相對，是不會產生任何效果的。他只會越來越反對你，所以你要先認同對方，你要說：「某某先生，太好了，想考慮一下就表示您有興趣了，是不是？」當你這樣問他的時候，通常他都會說「是」。為什麼？因為他想打發你，因為他想儘快地讓你以為他真的要考慮考慮，所以他大部分會說他有興趣，如果他說沒有興趣的話，就表示他不是真的要考慮考慮，他自打嘴巴，也就表示你還沒有把產品的價值塑造起來，你必

153

須重新回到塑造產品價值的階段。

所以，我們再來看一下：「某某先生，太好了，想考慮一下就表示您有興趣是不是？」客戶如果說：「是」就表示他想考慮這個產品是因為他對這個產品有興趣，所以接下來你可以再往下去問。你要再問他第二句：「這麼重要的事，您需不需要和別人商量、商量呢？」想想看這句話為什麼要這樣問？因為你要先確保他是真的有決策權，還是真的要考慮考慮。你要檢測一下，他如果沒有決策權的話，你往下講也沒用，所以你需要很客觀地問他，這麼重要的事情他需不需要和別人商量商量。你若是沒有先這樣問的話，如果他真的要和別人商量，你沒先問好決策權，就繼續往下走，到最後也不會成交的。所以客戶如果說不用和別人商量了，表示你檢測成功。他不用和別人商量，他真的是自己就可以做決定了。

這時候你要說：「實在是太棒了，一般很多人都沒有決策權，我非常欣賞你這麼有主見。」你一定要先肯定他一下，你肯定完以後，人受到讚美了，他會更加覺得自己要做出決定。這個非常簡單，相信我不需要多說了。

當你說：「很少有像你這麼樣有決策權和主見的人，我真欣賞你。」之後，他一般都說：「哪裡哪裡。」這時候你要再問一句：「您這樣說該不會是想趕我走吧（您這樣說該不會是想打發我走吧。）」你要事先問出這一句話，你不要怕。為什麼？因為很多人說考慮考慮，事實上是想躲開你、打發你，這時候你主動要先問出來，目的就是要預先在顧客還沒有趕你走之前，你要打預防針。通常一般人聽到這句話都會有什麼反應呢？

「不會，不會，不是這個意思。」他這樣一說，那你就說：「那我放心了。」這樣客戶就沒法趕你走了，你就可以繼續留下來了。這時候你就可以繼續說：「沒那個意思就好，那表示你會很認真地考慮我們的產品了。」他一定會說：「是，是，是，我會考慮的。」

為什麼？因為你之前問他的問題，他都回答：「是」。只要前面是正確的流程，這一句話問出來，通常客戶都會說：「是，我會認真考慮的。」因為他多麼想要趕快讓你相信，他是真的很認真地考慮，他就是想騙你，他也要騙到底。這是藉口，他根本就不是要考慮考慮，他只是拿出一個藉口，所以他要讓你相信，他真的很想考慮考慮，對這個產品很有興趣，他想借此放煙幕彈讓你離開。當你說：「那表示你會非常認真地考慮我們的產品囉？」他說：「是、是、是，我會非常認真地考慮的。」於是你最後一句怎麼說？你開始要逆轉形勢了：「既然這件事這麼重要，您又會很認真地考慮您的最後決定，而我又是這方面的專家，何不讓我們一起來考慮？您一想到什麼問題我就立刻回答您，這樣不是很有效率的？」於是顧客一聽到這句話就點頭了。

於是你就說：「坦白講，××先生，你現在最想考慮的第一件事是什麼事呢？是不是錢的問題？」

於是這時候他才不得不說出他心中真正不買的原因了。

接下來，我們再一次地把「我要考慮考慮」這個藉口連貫地演示一遍給大家看——

「我要考慮考慮。」客戶說。

「太好了，想考慮一下就表示您有興趣了，是不是？」

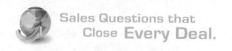

「是啊。」

「這麼重要的事，您需不需要和別人商量商量？」

「不用了。」

「您非常有主見，我非常欣賞您。」

「哪裡哪裡。」

「您這麼說該不會是想打發我走吧？」

「你別這麼說，不會、不會。」

「那我就放心了，這就表示您會很認真地考慮我們的產品。」

「是、是、是，我會很認真的。」

「既然這件事這麼重要，您又會很認真地做出您最後的決定，而我又是這方面的專家，為何我們不一起來考慮？您一想到什麼問題，我就馬上回答您，這樣比較有效率，您說是不是？坦白講，您最想考慮的一件事是什麼事情？請問是不是錢的問題？」

「是。」

「那太好了，原來是錢的問題，讓我來講解一下為什麼這個產品值這個價格。」（你這時候再去回答真正的錢的問題。）

「除了錢的問題之外，還有別的問題嗎？」或換句話說：「要不是因為價錢高你就買了嗎？」

…………

這裡需要向你解釋，你正在使用解除抗拒的幾大步驟，抗拒解除有幾個鎖定式的問句，還記得嗎？一定要背下來牢記在心，而不是遇到什麼問題直接冒出來回答，若是沒有鎖定，是不會有效果的。讓我們再來復習

一下解除抗拒的鎖定問句：一、判斷是真是假；二、確認它是唯一的真正的抗拒點；三、再確認一次；四、測試成交；五、以完全合理的解釋回答他；六、繼續成交。

現在我們再演示一次另外一種「考慮考慮」的回答方法。假如你的顧客說：「我今天是不會買的，我要考慮考慮，你放心我真的會考慮，會找你的，你先走吧。」於是他怎麼樣也不肯買。你可以說：「我聽您這樣講，顯然您心裡有其他的疑慮沒有告訴我，要不然您不會這樣講。我很想知道，到底是什麼原因讓您今天不願意跟我做生意，您可以告訴我您心裡真正的想法嗎？（你很坦白地去告訴他）其實您說您要考慮考慮，我知道這是藉口，請您講出您真正不跟我做生意的原因，好嗎？」

雖然你戳破了他的謊言，但也要為他保留一定的面子。你的語氣要緩和，要非常地尊重對方，並以請教他的口吻跟姿態問出，他真正不能跟你做生意的原因。

還有一個方法。例如你去推銷一個產品，顧客就說不買，那怎麼辦呢？他怎麼樣都不肯，他說要想清楚再說：「你先走，我要考慮考慮再說吧，你先走吧。」

怎麼辦？這時，你可以把產品收起來，很沮喪地準備要離開。你說：「××先生，既然今天您不肯買，那我只好走了。」

要走之前你拉開他的辦公室門，這時候你突然回頭來一句：「××先生，我剛做這行，是個新人，我很想知道今天我到底做錯了什麼事？我跟你介紹完這麼多產品的優點跟功能之後，您竟然沒有決定要跟我買，那表示我一定有什麼地方做得不好，在我離開之前，請您幫我一個忙，告訴

我是哪裡做錯了，下次我在其他場所做銷售的時候，就不會再犯同樣的錯誤，就能做得更好，可以嗎？」你懇請對方告訴你是哪裡做得不對，對方一聽：「也沒什麼啦，其實你沒犯什麼錯，是我覺得實在有點貴。」

「原來是太貴了，那表示我剛剛沒有說明清楚這個產品的價值，讓我重新再說一遍。」於是你關上了門，再打開你的公事包，再開始介紹。這叫回馬槍成交法。為什麼呢？因為你已經套出真相了，你不能聽到考慮考慮就放棄，你要套出真相。當顧客覺得你要走的時候，他的心防就會鬆懈，鬆懈之後他看你要走蠻可憐，他就跟你講真正不買的原因，原來是價格比較貴。所以你聽到價格比較貴，這樣你還能走嗎？當然不能走了，你要回來繼續解決客戶價格的問題（請參閱抗拒解除的流程，並且學會價格太貴了的回答方法，然後你就可以去解決那個問題了）。

記住銷售是流程問題。所以請努力把這第一式「我要考慮考慮」給練好。你可以把我剛剛示範的三種方法寫下來，記下來，甚至背起來。在筆記本上、在手冊上、在你們公司的銷售話術上，都可以稍作討論，看看哪些適合你們，哪些不適合你們，因為畢竟我提供的版本是我設計適合於大部分人的版本，不一定這麼有針對性，不一定就適合你的公司，所以你要把它調整成適合你公司或產品的發問方法或者是一些特定專用名詞。

藉口之二：
太貴了

BEST DEAL

我們常常聽到顧客講得最多的抗拒點，最多的拒絕原因、不買你產品的理由是什麼？就是錢的問題，顧客最常講的一句話是：「太貴了。」

如果你常常遇到顧客說太貴，那麼你一定要把太貴了的解答方案給學得非常精通，運用得滾瓜爛熟。你必須能解除錢的問題，你才能在商場上絕對成交，因為全世界每一個行業、每一個銷售人員、每一個做生意的人都會遇到太貴的問題。每一個顧客永遠都會講太貴了。

在幾千年前的市場上有人說蘋果太貴了，雞蛋太貴了，幾毛錢一斤的蔬菜有人說太貴了，在幾千年後的今天，還是有人說「太貴了，太貴了，太貴了」，買一個100元的東西也說太貴了，因為他要用50元買。買一件500元的衣服有人說太貴了，因為他想用399元買。

「太貴了」已經變成每一個顧客在買東西的時候的口頭禪了。他一定會跟你談到錢的問題，所以我敢斷言，不會解決價格問題的業務員是永遠賺不到錢的，不會解決價格問題的業務員是永遠無法成交的，你說是不是？所以這一問題我準備了特別多的回答方法、特別多的招式來提供給大家。

一、價值法

什麼叫價值法？我們要先了解，買賣雙方會成交是因為顧客感覺到價值大於價格。所以你要讓你的客戶覺得你的產品物超所值，他就會購買。

什麼叫「價值」？價值是顧客買來這個產品以後長期帶給他的利益。很多產品單價雖然很貴，但是長期能帶給顧客很大的利益，這些都叫做價值。而你要算出你的產品在未來長期會帶給你的客戶多大的價值。

例如，如果你購買我們的一套教材，我現在算給你看這套產品價值有多大。因為你今天學會了一個成交方法，你把一個方法學會了，並在顧客面前用出來，而使你每天多成交一名客戶，如果貴公司多成交一名客戶能帶來淨利潤100元的話，那麼一天多成交一個客戶，30天多成交30個客戶是3000元。一年12個月，一個銷售人員學會這套方法之後能多幫你賺多少錢？36000元。貴公司有10名銷售人員的話就是36萬。這只是一年，如果你們用10年的話那是360萬。如果貴公司有100名銷售人員的話，則是3600萬。請你想一想，你投資這一套教材的價格才多少錢，這就是我能為你帶來的價值。你買的不是書，你買的是我現在所分享給你的內容，是我十多年來的智慧結晶，是全世界最直接增加收入的方法，在顧客面前短兵相接肉搏戰的時候，能直接把話說出去，把錢收回來的必殺絕技，你買的是現在我教給你的這個增加收入的祕訣，你買的是360萬，3600萬，你買的是錢，能用1萬元買走3600萬，你覺得好不好？當然好。這就是我的產品帶給你的價值。

什麼叫「價格」？價格就是客戶購買這個產品，暫時所投資的金

額，現在如果把你的產品的價值計算出來，如果價值能大於你們所銷售的價格的話，你就可以用接下來我講的這一套方法（你先理解我跟你講的這個原理，然後你把這套方法背下來，融會貫通，轉換變通成適合於貴公司的方式）。

現在我們來學習這一套說法——「先生，我很高興你能這麼關注價格，因為那正是我們最能吸引人的優點。」看到沒有，我又是先同意對方。你要說：「我很高興你能這麼關注價格，因為那正是我們最能吸引人的優點。」也就是說你不要聽到對方說太貴，馬上就反駁不貴。客戶說：「太貴了」你說要說：「那是貴得值得，」你不要急著解釋，你要先同意，然後再慢慢改變他的想法：「先生，我很高興您能這麼關注價格，因為那正是我們最能吸引人的優點，您會不會同意一件產品真正的價值是它能為您做什麼，而不是您要為它付出多少錢，這才是產品有價值的地方。」客戶通常都會點頭認同。

「如果您在荒漠裡走了兩公里，快要渴死了，一瓶水值100萬，您說值不值？因為這瓶水可以讓你重獲回家所需要的力氣，這是這一瓶水的價值。如果有一個人賣水，他一瓶水賣1000元，如果您剛好有錢，我保證您不會跟他討價還價，您一定會買這瓶水，因為它能為您帶來生命，您說是不是？」當你這樣跟客戶講解完之後，等於引導了顧客思考你的產品，不管有多貴，重點在它能為他帶來的價值是多少。這時候，顧客聽完這個引喻法之後，他就知道了：產品不能按照產品本身的製造成本價格來算價值，價值是指它能為你帶來的利益。這時候，他就會給你一個機會去計算產品的價值，去計算你的產品能為他帶來的利益。所以，寫出你的產品能

值多少錢，就像我在介紹我們這一套銷售培訓的教材時，要讓客戶非常地容易接受，並且算出金額。

二、代價法

什麼叫代價？本書當中所說的代價就是指：客戶如果沒有擁有這項產品，長期所帶來的損失，是客戶要為他錯誤的購買決策，為他的拖延，為他的恐懼，所要付出的代價。

你真正相信你的顧客沒有你的產品會帶來多大的損失嗎？你真正相信你的顧客買錯了產品，買到其他品牌的產品會為他帶來更大的損失嗎？如果是的話，你要告訴你的客戶，他會付出更大的代價：「先生，讓我跟您說明，您只是一時在意這個價格，也就是在您買的時候，但是整個產品的使用期間，您就會在意這個產品的品質。」接下來你要降低你的聲音，注視客戶的雙眼，因為你的聲音、語調、動作都會產生影響力。你要說：「難道你不同意寧可比原計畫的投資額度多投入一點點，也不要投資的報酬還比付出的錢少，這不是虧了嗎？您知道使用次級產品到頭來您會為它付出更大代價，想想眼前省了小錢反而長期損失了更多冤枉錢，難道您捨得嗎？」

這一段話讓客戶心生恐懼的時候，你必須降低聲音，因為降低聲音別人會更仔細聽，這也是一種強調。並同時看著顧客的眼睛，表示你的肯定。看著顧客的雙眼問他這一句話：「您捨得嗎？」他通常會覺得有道理，捨不得。於是你把他嫌貴的心理找到，反而利用他嫌貴的心理去讓他知道，買得貴比不買更貴。

三、品質法

客戶問：「為什麼你的產品價格比較貴？」你要說「好貨一定不便宜，便宜也一定沒好貨。所以我公司的產品會比較貴，那是因為投入的製造成本比競爭對手那些便宜的產品更多，所以一分錢一分貨。」換句話說你要讓顧客知道不是你的東西貴，而是你的公司花費許多的投資讓它的品質達到一流的水準。所以東西不是價格的問題，是它的價值的問題。你要分析給顧客明白。

了解了這個道理，我們再一起來學習和背誦這一招：「先生，我完全同意您的意見，我想您一定聽過好貨不便宜，便宜沒好貨吧，身為一家公司，我們面臨一個抉擇，我們原本可以用最低的成本來設計這個產品，使它的功能盡量簡化，但我們卻選擇花額外的投資在研發上，使您擁有這個產品時獲得最佳的利益，讓產品為您發揮最大的功效。也把您要做的事情，做到最好的程度，所以產品會比較貴一點點。但是，所投入的錢，可以分攤到保用一輩子的時間，所以您每天的收益是不可計量的。先生，我認為您應該一開始就投資最好的產品，否則到頭來您還得為那種次級品付出代價，不是嗎？所以您為什麼不一開始就選用最好的呢？」

品質法的第二個方法：「先生，大多數的人，包括你我都可以很清楚地了解到，好東西不便宜，而便宜的東西也很少有好品質的。客戶有很多事可以提，但大多數的人都會忘記價格，然而他們絕對不會忘記差勁的產品和差勁的服務，要是那些商品的品質很差勁的話，您想冒這個險嗎？」

親愛的讀者，客戶的確是有很多事可以提，但是他們會忘記價格

的。他們忘不了的是差勁的品質和差勁的服務。根據統計，人們記住負面印象的記性比記住正面印象的記性還要大四倍，也就是說顧客每天在使用產品的時候，遇到好東西他未必會記住，但遇到爛東西他可是會記得很清楚，而且到處去宣傳，這叫好事不出門，壞事傳千里。所以客戶只會在他買的時候嫌這產品貴，買了一陣子就會忘記了，但如果他買到爛東西的話，他不會忘記。所以你不要賣客戶不好的東西，你不要賣客戶差勁的產品和差勁的服務，你寧可賣他貴東西，寧可一時為價格解釋，也比事後為品質道歉容易多了。一時為價格解釋是暫時的，一輩子為品質道歉卻是永久的。

品質法的第三個方法。這一招一式全都是總結了世界上各行各業銷售冠軍的祕訣，他們所有人使用的方法被我去蕪存菁地統合在一起，才分享給各位讀者的，所以同樣一個品質法有這麼多的問句，只要你把它全部都學會之後，你才不會在顧客面前詞窮。品質法的第三個方法的問句是這樣的：「先生，您也知道在很多年前，我們公司就做了一個決策，我們認為一時為價錢解釋是很容易的，然而事後為品質道歉卻是永久，您應該為我們的抉擇感到高興才對，不是嗎？」一時為價錢解釋，真的要比事後為品質道歉容易、省事多了。親愛的讀者你想想看，你到底願意一時為價格解釋，還是一輩子為品質道歉？如果你只會賣便宜產品的話，便宜賣給客戶了，但東西要是出了問題，你將永遠失去這個顧客。

品質法的這三種方法三段問句你也可以整合在一起講給顧客聽：「先生，我很高興您這麼在乎價格，這正是我們公司的優點，為什麼？因為多年前我們公司就面臨了一個抉擇，我們原本是可以用最低的成本，來

設計這個產品讓它的價格降到最低，但我們選擇額外投資研發成本，讓它的功能達到最好的狀態，能幫您把事情處理到最好的效果，同時保用一輩子，這樣每天分擔的價格其實是最低的，但是能為您創造的效益卻是不可計量。我們都聽說過好貨往往不便宜，便宜往往沒好貨，所以××先生，我認為你寧可投資得比原計畫額度多一點點，也不要投資得比你應該要花的額度少一點點。顧客有很多事可以提，但他們往往很容易就忘記價格，卻忘不了品質差勁的產品。如果今天我為價格解釋，那是一時的，但如果我終生為差勁的品質而道歉，卻是永久無法彌補的。××先生，您說不是？最終我們公司決定，寧可讓顧客第一次投資就投資最好的產品，也不要讓顧客一輩子為次級品付出代價，你應該為我們公司的抉擇感到高興才對，××先生，您說，不是嗎？」這樣你不就解決了價格的問題了嗎？

　　品質法的第四個方法：「××先生，我們公司的產品的確很貴，這正是我最自豪的地方，因為只有最好的公司，才能銷售最好的產品，也只有最好的產品才能賣到最好的價錢。當然也只有最好的人才，才能進入最好的公司。我以代表市場上最好的公司為榮為傲，我們都知道便宜沒好貨，其實最好的產品往往也是最便宜的，因為您第一次就把東西給買對了，您說是嗎？您為什麼要買那種勉強過得去的產品，如果是長期使用的話，好東西所平均下來的成本會比較低，您同意嗎？」聽聽看，這樣的講法也是強調品質，同時你不但不擔心貴，你還以「最好的產品才能賣到最貴的價格，最好的人才才能進入到最好的公司」這樣的說法來展現這是你引以為傲的優點，這樣可以在顧客面前傳達一種真正的自信。而且你要能夠用很自然的語氣把它背出來，好像在跟人聊天似地把它說出來。

四 、分解法

有些顧客不論你怎麼強調品質好、服務好，他還是想買便宜的，這時，怎麼辦呢？你要讓客戶感覺到其實並不貴，也就是說你要轉換顧客的感受。怎麼轉換呢？就是要善用分解法。

第一個步驟，你問他貴多少。例如今天你賣給他一套產品，他說太貴了。你問他，貴多少？他說一般別家才賣10000元，你們卻賣10520元，太貴了。所以貴了520元。這是第一步驟。

第二個步驟，計算這個產品使用的年份。「先生，您知道我們這個產品雖然比別人貴，可是可以多用多久嗎？」「可以多用10年哦。換句話說，每一年平均才多花52元。這也就是第三個步驟，算出每年平均貴多少，貴52元。

接下來第四個步驟，將這個數字，每一年多花的錢除以52，為什麼除以52呢？因為一年剛好是52週。「先生，您知道嗎？一年有52週，所以我們算一下每週其實除下來平均才多花多少，1元。」這位先生，請問這個產品是辦公室使用還是在家裡使用？如果是辦公室使用的話再除以5。為什麼？因為辦公室一週上幾天？5天。如果在家裡使用的話，再除以7。因為一週有7天。所以，請問您是在哪裡使用？客戶說：「是辦公室使用。」「那我們除以5，等於每天你才多花兩毛錢。××先生，你願不願意每天只要多花兩毛錢，讓你們的辦公室得到純淨清潔的純淨水機？或者讓你們擁有純淨清潔的空氣？」或者你賣的保健品，或者是一種培訓服務，或者是一個整體的電腦方案，只要他嫌你的產品貴，就算出到底貴多少，再用貴出來的多少錢去除使用年份，再除一年52週，再除每

週5天或7天，最後算出每天多花費的錢，這樣客戶就會感覺實際上並不貴。

親愛的讀者，請你用這個分解法計算一下你公司所銷售的產品，分解到最後客戶每天才為這個產品投資多少錢，或者是你比同行貴多少，如果你是賣1000元，同行才賣800元，所以貴200元，把這個貴200元拿來算一算，算到每天多投資多少，使用這個分解法，就能讓顧客感覺其實並不貴。

五、如果法

面臨「太貴了」，我已經介紹了好幾個方法。現在介紹，當你真的要降價的時候怎麼辦？一定要問客戶：「先生，如果價格低一點點的話，那麼今天您能做出決定嗎？」但很多業務員不會這樣問。

客戶說：「太貴了。」就順著客戶的話說：「那好吧，給您打八折。」當你一鬆口說可以打八折，客戶還是會說那我再比較比較。你給他降價了，他也沒有買，為什麼？因為他想要比來比去，到處比到最低的。

所以怎麼辦？你要先反問他，其實這一句在解除抗拒的流程裡有提過。反問客戶：「××先生，如果價格低一點點，今天您會買嗎？」你希望他說會還是不會？他說會自然是最好的了，在得到客戶的承諾後，你再降價，不是比較保險嗎？你說：「那您要買幾套，請問您是要付現還是刷卡？」你只要往下問，最後給他一個折扣讓他成交，而不是先給他八折，再讓他說我考慮考慮要不要買。

如果他說不會的話，表示價格並不是客戶不買真正的原因。那你為

什麼要去降價？你根本不用降價。當然會有客戶說：「看你給我便宜多少再說。」那你就反問他：「多少錢，你才會買？」當他說：「你給我八折我就買。」你說：「那您要買多少？您今天你能付款嗎？您刷卡還是付現金？要不要發票？」然後把產品包裝好，請客戶買單。所以一定要反問「如果……」，這是世界每一個銷售冠軍一定會用這個方法，所以你一定要學會。在降價前要問他如果——

「如果我算您便宜一點，您會買嗎？」

「如果我給您優惠價，您會買嗎？」

「如果我給您打個折，您會買嗎？」

「如果我給您算優惠一點，您今天能做決定嗎？」

諸如此類的問句，務必花時間把它給練好，然後轉換成適合貴公司的問句。

★ 六、明確思考法

什麼叫明確思考法？也就是說顧客根本搞不清楚產品到底有多貴或者貴多少，或者說他想用多少錢買，或者說你的東西為什麼會這麼貴，客戶都不清楚，可以說是模糊的，他只是口頭禪喜歡講太貴了。這種顧客太多了，怎麼辦？所以你要幫他想清楚。

例如有人跑過來跟我講：「杜老師，您的課程太貴了。」

我問他：「跟什麼比？」

他說：「跟什麼比，跟買一本書比。」

我說：「買書多少錢？」

他說：「買書才300元。」

我說：「我的課多少錢？」

「你的課要好幾千塊甚至要萬元以上。」

我說：「那上課跟看書有什麼差別？」

「那看書當然是只有一些理論文字，上課有現場互動，可以當場解答問題，更有針對性了。」

我說：「為什麼我的課程貴，這樣你知道了吧？」

「知道了。」

看到沒有？他自己就把他的問題給解決了，買一本書很便宜，但他拿書跟我的課比，我的課當然貴，那書跟課程會有不同的價格是因為什麼呢？我讓他自己說，因為效果不同，所以他自己把這個問題給解決了。所以我教你兩句話，當客戶一說太貴了，你一定要問他：「跟什麼比。」第二句話你問他：「為什麼？」例如你賣全世界最貴的皮包叫做LV，當客戶跑來問這個皮包多少錢？你說：「2萬元。」他說：「2萬元太貴了」。你不要說：「不貴」「LV不打折」，你不要說：「你可以去別家比較比較。」這會讓顧客感覺到你不尊重他，沒有做生意的人是這樣子對顧客說話的。你千萬要訓練好你的門市小姐，訓練好你的店員。我發現很多店員都是這樣和客戶應對的，沒有經過訓練的銷售人員，天天在得罪顧客，幫你趕跑顧客，這不是很可惜嗎？記住，不要跟你的客戶針鋒相對，你只要問就好。

「這個皮包多少錢？」

「2萬。」

「太貴了。」

「請問您是跟什麼比？」

我在街上也看到地攤上賣這個LV皮包，才2000元。」

「為什麼？」

「那當然啦，它是仿冒的，你的是正牌的。所以正牌的當然比較貴了。」

這樣是不是就能讓他明確地思考，幫他理清思路，這是一個非常好的發問技巧。

現在我們已經學了解除「太貴了」藉口的六個方法：

▶第一個是價值法，去強調產品帶來的利益。

▶第二個是代價法，去強調沒有產品所帶來的損失。

▶第三個是品質法，強調產品為什麼會貴是因為品質高。

▶第四個是分解法，分解到一天當中他所投資的錢，這樣就不會感覺貴了。

▶第五個是如果法，如果要降價，你也必須先問人家，你今天能做決定嗎？

▶第六個是明確思考法，讓他明確地思考，幫他理清他的思路。

以上這些方法我們務必融會貫通並把它們背下來，只要你去試試看，絕對能讓你的收入產生不可思議的變化。

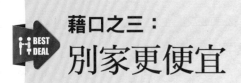

藉口之三：
別家更便宜

顧客第三個常常拿出來的武器是——別家更便宜。你怎麼跟客戶解釋我的產品品質好，我的產品價值高，你如何跟客戶強調我的產品分解下來很便宜，我們還是來見招拆招吧。

「先生，您說的可能沒錯，您或許可以在別家找到更便宜的產品，在現在的社會中我們都希望用最少的錢達到最大的效果，不是嗎？」客戶一定會說：「是。」於是你怎麼說？「同時，我也常常聽到一個事實，……」記得每次都先肯定對方，然後再說同時我也聽到一個事實，你要先認同他，然後再把觀念轉換到你的觀念上面去。

注意到了嗎？用「同時」兩個字而不是要用「但是」。例如：「同時我也常常聽到一個事實，那就是最便宜的產品往往不能得到最好的效果，不是嗎？許多人在購買產品時通常會以三件事來評估，一是最好的品質，二是最佳的服務，三是最低的價格，對吧，到目前為止我還沒發現任何一家公司可以同時提供給顧客這三件事情，所以我很好奇，為了能讓您長期使用這個產品，這三件事，對您而言哪一項是您願意放棄的？是最好的品質嗎？是最佳的服務嗎？還是最低的價格呢？」最後一句話要放低音調來說——還是最低的價格呢？因為你要引導客戶去想那個最低的價格才是他比較願意放棄的，所以你就需要放低音調，看著他，然後讓他被你

所引導。看著客戶的眼睛問完以後，你要接著說：「為了達到最好的效果，我們往往是寧可投資最好的產品也不要買次級品，您說是不是？」於是客戶跟著說是。

這個道理很簡單，就是說你要給客戶三選一，選他自己願意放棄哪一個。「先生，我同意您的說法，每個人都希望以最低的價格買到最好的產品，同時我也知道每個人買東西的時候都會以三件事來評估，第一是最好的品質，第二是最好的服務，第三是最低的價格，而我在商場這麼多年，還沒有發現有任何一家企業，能同時提供給顧客這三件事情。因為好貨往往不便宜，便宜往往沒好貨，您說是嗎？所以我很好奇，**為了能讓您得到最佳的效果……**」這句話很重要，你要先把這句話講出來——「為了能幫您得到最佳的效果，請問您這三件事情當中，哪一件是你願意放棄的呢？是最好的品質嗎？」

「不是。」客戶說。

「最佳的服務嗎？」

「不是啊。」

「那是最低的價格囉？」

「是。」

如果你沒有把前面那一句話說出來，你沒有說：「為了能幫你得到最佳的效果……」而是直接問你的客戶：「所以我很好奇，這三件事情哪一件是你願意放棄的呢？是最好的品質嗎？是最佳的服務嗎？」這時客戶若回答：「對呀。」那豈不是糟了，客戶寧可要最低的價格，也不要最好的服務。所以你要先問他：「為了能讓您得到最好的效果，這三件事情當

中，哪一件事是你願意放棄的？是最佳的品質嗎？」

「不是呀。」因為要得到最好的效果。

「是最好的服務嗎？」

「不是呀。」為了得到最好的效果，必須要有完善的服務。

「那是最低的價格了。」於是你問完這一句話之後，他說那放棄最低的價格吧，你就成功。或者是他不說話，你就說：「為了有最好的效果我們是不是寧可一開始就買最好的，也不要到頭來為次級品付出代價，您說是吧？」不管你最後一句話說什麼，都要能引導客戶說出：「YES」，這樣你就成功了。

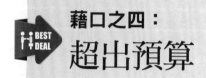

藉口之四：
超出預算

第四個藉口還是跟錢有關的。那是什麼問題呢？是超出預算的問題。

顧客會說：「這個東西我們公司沒有預算，這產品跟我計畫的投資不符合，這東西超出我的計畫了。」這種時候要如何解決呢？

「××先生，我完全能理解這一點，一個管理完善的公司需要仔細地編列預算，因為預算是讓公司達成利潤目標的重要工具，不是嗎？」

客戶說：「是。」

我們來分析一下，客戶為什麼會說超出預算呢？因為正規的公司都是有編列預算的，什麼產品我只能花多少錢，什麼設備我只能用多少錢買，為了要控制成本，所以我們會設計預算，編列完預算之後嚴格控制，才能創造利潤。一個企業營業額高但如果其耗費的成本也多，那就沒有利潤，所以一定要多賺少花，開源節流，想辦法增加收入，再降低成本，利潤就出來了。所以你要很肯定客戶這是對的。客戶如果說：「超出預算了」，這時你要怎麼應對呢？

「××先生，我完全可以了解這一點，一個管理完善的公司需要仔細編列預算，因為預算是讓公司達成利潤目標的重要工具，不是嗎？」

客戶也會順著你的話答：「是啊。」

「那麼，為了達成結果，工具本身應該也要有所彈性，您說是吧？」

客戶回答：「是呀。有道理。」

「因為利潤目標是結果，為了達成這個結果，工具本身需要有彈性。到底是目標重要還是方法重要？當然是目標重要了，因為同一個目標這個方法行不通，可以換下一個方法。由於方法有無數種，但目標只有一個，所以公司的利潤才是目標。那編列預算只是為了達成目標的一個方法。」所以我們要先說肯定客戶的話，接著馬上提醒他其實工具本身要有彈性，也就是說方法要靈活，所以他當然會同意啦。

「假如今天有一項產品能帶給貴公司長期的利潤和競爭力，身為企業決策者，為了達到更好的結果，您是願意讓預算控制您，還是您來主控預算？」

客戶當然會說：「是我來主控預算了。」

企業決策者要思考長期，要達到更大的利潤，今天這個產品一開始要付出很大的成本，會降低公司的利潤，但是長期能帶給公司更多利潤的話，那當然客戶還是會願意選擇它的。

顧客身為總裁，怎麼可能讓預算去控制總裁？達不到他要的結果，對他的公司而言，這算是做對事情、做對決策了嗎？不是。

你要讓客戶明白雖然眼前好像要多花一點錢增加了成本，但長期下來可以達成他真正想要的大目標、大結果。這才是在幫助你的客戶。你不要輕易就被顧客用預算給打退堂鼓，如果你的產品真的對客戶很有利的話，你就不要婦人之仁，用謙虛和善的語氣，勇敢地說出這特別重要的話

——

「假如今天有一項產品能幫貴公司帶來長期的利潤和競爭力，身為企業決策者的您，為了能達到更好的結果，您是要讓預算來控制您，還是您來控制預算呢？」

他聽到你謙虛和善的語氣，又充滿道理，他會重新考慮預算是不是可以增加的，試想，預算是誰做出來的？也是總裁做出來的，所以你找到決策人了，他能被預算控制嗎？應該是不能的，而且他是能控制預算的人。

藉口之五：
我很滿意目前所用的產品

顧客最喜歡用的第五個藉口是：我很滿意目前所用的產品，所以你不用再費唇舌來賣給我新的東西。

當你要賣給顧客的產品，顧客說他已經有了並且很滿意，那麼你該怎麼做呢？你要如何成交呢？一般很滿意的顧客說完很滿意的話之後，業務員通常就會識趣地提著公事包離開了，也不敢再拜訪他，對嗎？沒關係，以下的方法照樣能夠讓你兵來將擋，水來土淹，見招拆招。共有以下八個步驟：

Step 1，要知道顧客目前使用哪一家產品

例如，你要賣客戶IBM的電腦，客戶目前使用的是惠普電腦，所以你就要先知道客戶為什麼不買我的IBM，因為客戶說他很滿意目前的產品。所以，你問：「您現在是用哪一家的？」「我們是用惠普的。」第一步驟就結束了，惠普的。

Step 2，你要知道顧客目前所使用的產品他是否滿意

「那您使用惠普的，您滿意嗎？」

「滿意呀，滿意。」

他當然會說滿意，他如果說不滿意，不就要跟你買IBM了嗎？所以當然會說滿意。

Step 3，要知道顧客目前產品所使用的時間

「那您使用惠普的有多長時間了？」

「用了三年。」

第三個步驟結束了。

Step 4，你要知道他使用這個產品之前是用什麼

「那我很好奇，用惠普之前貴公司是用什麼產品的呢？」

「用惠普之前是用聯想。」

用惠普三年了，用惠普之前是用聯想，客戶說三年前是用聯想。

Step 5，你再問他下一句

「當初從聯想轉成用惠普的時候，您考慮了惠普的哪些優點？」

第五個步驟就是轉變，你要知道客戶考慮的利益點有哪些。

「當初從聯想改用惠普的產品時，您考慮的優點有哪些啊？」

客戶說：「國際品牌，價格也很合理，還有維修據點全世界都有服務。」

「還有呢？」

「沒有了。」

這就完成第五個步驟了。

Step 6，轉變後他考慮的利益有得到嗎？

「那您用惠普用了三年了，這三年來你當初考慮的三個優點都得到了嗎？那三個好處您還記得嗎？」

「對啊，價格合理，服務據點多，國際化形象。都得到了。」他當然說得到了，他如果說沒得到，不就表示剛剛前面自打嘴巴。若是客戶

說：「沒得到。」對你有什麼好處？有好處的，為什麼？表示他不滿意，
不滿意就可能要買你的IBM了。

Step 7，就是問他真的很滿意嗎？

客戶說他真的很滿意，他真的是無論如何都會說滿意的對不對？
對，因為他不想要你找他買IBM，對不對？所以那些講藉口的人都會說：
「真的很滿意了。」

Step 8，為什麼不像三年前那樣再做一次改變？

接著你問他：「告訴我既然三年前你做出了改變的決定，為什麼現
在你要否定一個跟當初一樣的機會，出現在你的面前呢？當初你的考慮帶
給你更多的利益，現在你為什麼不再做一次？」反問你的客戶：「既然三
年前，你從聯想轉變用惠普的時候，你考慮的好處得到了，而且真的很滿
意你當時所做的決定，而現在你讓它從惠普換到IBM不正是跟三年前一樣
的決定了嗎？」

以上八個步驟可以用一個模式來概括：

「請問您要考慮買我們家的A產品嗎？」

「不考慮。」

「為什麼？」

「我有B產品了。」

「請問您用B產品有多長時間了？」

「用了三年。」

「很滿意嗎？」

「很滿意。」

「在使用B之前，請問您是用什麼呢？」

「用C產品呀。」

「當初三年前從C產品轉成B產品的時候您考慮了什麼好處呢？」

「考慮了1.……；2.……；3.……。」

「您得到了那些好處了嗎？」

「得到了、得到了。」

「您真的很滿意嗎？」

「真的。」

「那麼請您告訴我既然三年前您做出了從C產品轉換成B產品的決定，並且很滿意自己當時所做的決定，現在為什麼您要否定一個跟當初一樣的機會在您面前呢？當初您的考慮帶給您了更多好處，為什麼您現在不再做一次考慮呢？您說我說得有沒有道理呀？」

這個模式很有說服力，顧客是無法抗拒的。既然他曾經考慮過一些好處並且更換了一個產品，而更換之後很滿意自己所做的決定，現在你帶給他一個新產品正是跟當初一樣是一個機會，他由於有當初想要換的契機而帶給他更多的好處，那麼，他現在再做一次也有可能對他帶來更多的好處，可能得到更多的利益，畢竟現在的產品日新月異，更是後出轉精，他不應該這樣直接、馬上拒絕你，而不做任何的考慮，他應該再做一次考慮才對，對不對？

但也並不是你這樣問完之後，客戶就會購買產品，這樣說只是讓他給你一個他會再考慮考慮的機會，讓客戶把「NO」收回去，讓他把藉口收回去。

「既然當初您做出了改變的決定，並且很滿意自己所做的決定，今天您為什麼不再做一次呢？」這樣說彷彿是要逼他做決定，所以我們不應該這樣說。而是要說：「既然當初您的考慮，帶給您更多的好處，現在您為什麼不再考慮一次呢？既然您三年前的考慮，帶給您更多的利益，並且您很滿意自己當初所做的考慮，現在您為什麼又要否定一個跟當初一樣的機會出現在您面前呢？當初您的考慮帶給您那麼多好處，現在您為什麼不再做一次考慮呢？」假如這樣的一番話，讓客戶決定再給你一次介紹產品機會，讓他願意考慮，雖不能讓他馬上做決定成交，但能這樣已經算不錯了。這樣子已經不會讓他一句「我很滿意目前的產品了」就把你推在門外，拒絕你到底了。給他自己一個機會，也是給你一個機會，所以這段話在於讓顧客去思考為什麼不再給自己一個機會。

曾經在1998年的時候，有一個人，他是保險業的銷售冠軍，在黑龍江省，他連續多年蟬連銷售冠軍，穩坐第一名，但是他還是很謙虛地跑來上我的「絕對成交」課程。他來上課的時候坐在第一排，我很好奇看著他，因為他帶了一個女孩子一起來上課。在課堂上我講到這一個解除抗拒的方法，他在學完之後非常地興奮，當場跟身邊的女孩子說：「請問妳為什麼不肯跟我做朋友？當我的女朋友好嗎？」

那位女孩子說：「我很滿意目前的男朋友。」

「妳很滿意目前的男朋友？」

「對呀。」

「真的很滿意嗎？」

「很滿意呀。」

「妳目前的男朋友是誰呀？」

「是個老師。」

「妳跟他交往多久了？」

「三年了。」

「三年了？」（那麼巧，剛好也是三年？）

「請問一下，三年前妳跟這個老師在一起之前是跟誰在一起呀？」

「是跟一個軍人。」

「那當初從軍人轉換成跟老師的時候，妳考慮了他的哪些好處？」

「他比較斯文、比較有禮貌、比較照顧我，經濟收入也很穩定，我就跟他在一起了。」

「三年前妳考慮的這三項好處如今都得到了嗎？」

「得到了。」

「妳真的很滿意妳跟老師在一起嗎？」

「真的。」

「那請告訴我，既然三年前妳做出了改變的決定，並且很滿意自己所做的考慮，為什麼三年後的今天，妳要否定一個跟當初一樣的機會出現在妳面前呢？當初妳從軍人換跟老師的時候，考慮了更多的好處，現在都得到了，並且很滿意，現在妳為什麼不再做一次考慮。說不定我這個保險冠軍，也能帶給妳更多的好處，妳說不是嗎？」

那女孩子一聽也覺得有道理呀：「好吧，那我就跟你交往看看，我看看能不能從你身上得到更多的好處。」

當場銷售冠軍使用我教的成交技巧去成交了他的女朋友。學會成交

技巧不只讓你賣出更多產品，還能讓你更有魅力交到更好的朋友。因為我教你的成交技巧是一種原理，了解人性，利用人在想什麼、害怕什麼來讓你的客戶知道，買你的產品就可以得到他想要的，就可以避免他所害怕的，於是你的產品就能夠成交。而你今天就算不是推銷產品，你在了解人性、了解完說服的原理之後，你也可以推銷你的觀念，推銷你的公司，推銷你的計畫，推銷你自己，完全是沒問題的。一切的成功都是銷售成功，領導力的成功也是銷售成功，而銷售最重要的關鍵就是要成交。

　　以上這八個步驟是專門成交已經在使用個人很滿意的產品的顧客的，根據這八個步驟去寫出適合你公司的產品、適合你的語氣、適合你運用的話術，努力練習，一定會很有收穫的。

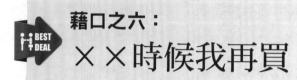

藉口之六：
××時候我再買

第六個很多顧客常常會說的藉口是「××時候我再買。」——「六個月後我再買」，「半年後我再買」，「兩個月後我再買」，「下個月我就買了」，「過兩天我再買」……這些××時候我再買的藉口，業務員們是不是常常會遇到呢？這種情況要怎麼解決呢？

我們要先了解對方是不是真的到時候就會買，如果是的話，你還是能夠讓他現在就買的，但如果不是的話，即使你使用了我以下介紹的方法也是沒用的。應對這個藉口的方法有七個步驟：

Step 1

他如果說：「六個月後我再買」，你就問：「六個月後你會買嗎？」如果他說會，那就表示你可以往第二步驟進行，如果他說不會，那就表示剛剛他跟你講的是藉口。

Step 2

當他回答：「會」之後，你再問他：「現在買跟六個月後買有什麼差別呢？」如果他支支吾吾地說不出個道理來的話，則說明這是客戶的藉口。如果他真的講出一些合理的理由，沒關係，只要你發現是合理的就往下，只要發現是不合理的你就直接去推翻他這個問題，證明這是藉口。

緊接著你要去問他第三句，到底真正的原因是什麼：「您還沒有告

訴我真話，顯然您心裡有些問題還沒有告訴我。」套出真相，去找出問題在哪裡。

Step 3

假設客戶真的是說出了一番道理了，第三個步驟，你可以問他：「你知道現在買的好處嗎？」讓客戶自己說出來，或者他說不出來，則由你告訴他。

Step 4

「您知道六個月後再買的壞處嗎？」讓他知道拖到六個月後再買可能會有哪些壞處或風險，可能會漲價，可能會缺貨，可能會過時都可以。無論如何，你就是要讓他自己知道六個月後再買是有壞處的。

Step 5

您緊接著第五個步驟，計算現在買比六個月後買可以節省多少錢或多賺多少錢。「您現在提早購買我這套產品，而不是六個月後再買我這套產品，這六個月，你可以節省多少或多賺多少錢。」算出金額給客戶看。

Step 6

假如到第六個步驟顧客還是無動於衷，表示他說六個月後再買是假話，是藉口。正常如果他真的是六個月後要買的人，在你分析完現在買能多賺多少錢，未來六個月會讓你們少賺多少錢，客戶很難不被打動的，如果他無動於衷的話，那表示他說的是藉口，所以這些方法不但能解除抗拒，也能套出真相（如果是抗拒就解除，是藉口也要套出來）。所以這些方法都是非常有效的。

Step 7

然後就是套出真相。

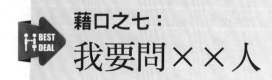

藉口之七：

我要問××人

顧客常常會跟業務員說要問我先生，我要問我太太，我要問我父母，我要問我小孩，我要問我老闆，我要問朋友。

如果你的顧客對你說：「我要問××人」時，你要如何回應呢？以下七個步驟提供給你：

Step 1

首先，你可以這樣問他：「××先生，如果不用問別人，您自己就可以做決定的話，您會買嗎？」如果對方說不會，那表示他不是真的要問別人，而是他自己還沒有認可、肯定你的產品。那麼，你就要先去找出真正的原因。「××先生，聽您這樣講，顯然您還有其他的原因，請問到底您是什麼原因，不肯跟我做生意？」你要問出客戶還不肯跟你買的真正原因。

所以，你問客戶這句：「××先生，如果不用問別人，您自己就可以做決定的話，您會買嗎？」他如果說：「會」那就表示他的內心是很認可你的產品，但還是想再問問其他人的想法。

Step 2

「換句話說您認可我的產品了？」

「認可認可。但沒辦法，我不能買是因為我要問別人。」

你的客戶不斷地告訴你，你的產品真的很不錯，我是認可了，但我沒有決定權，我還要問別人。沒關係，我們再繼續往下（我所設計的步驟，每一步驟都是環環相扣的，顧客不管怎麼回答，不是能套出真相，就是繼續往下讓客戶成交）。

Step 3

「那換句話說，您會向別人推薦我的產品嗎？」。為什麼第三步驟顧客會說「會」？因為他前兩句不是說了，他已經認可你的產品了，不是嗎？所以客戶當然說會推薦你的產品了，如果說不會，那表示之前的兩步驟他說的是違心之論，是騙人的。若是這樣，那怎麼辦？還是先套出真相，不用再繼續往下一個步驟。但如果顧客說：「會」那就再繼續下一個步驟。

「換句話說，您會向別人推薦我的產品嗎？」這句話一定要問，你需要客戶給你保證。因為等一下你們要去見第三者，所以這時你一定要先取得他對你的承諾。為下一個步驟先埋好伏筆。

Step 4

第四個步驟，你要說：「也許是多餘的，但請允許我多問您幾句，您對我們公司的產品品質還有任何問題嗎？或還有想要問的嗎？您對我們的服務還有疑慮嗎？」客戶答：「沒有、沒有、沒有。」

「對價格還有疑慮嗎？」客戶答：「沒有、沒有、沒有。」

「您對我們公司還有別的問題嗎？」客戶答：「沒有、沒有。」

「那您對我個人還有別的問題嗎？」客戶答：「沒有、沒有。」

「那您還有沒有問題？」客戶答：「沒有、沒有、沒有。」

此時你一定要先確保客戶都沒問題了，你才能往下進行到第五步驟。

Step 5

緊接著，你要說：「太好了，我們什麼時候可以跟您的太太見到面？」為什麼？因為假如他對產品或服務還有問題的話，即使是和客戶說的第三人見面也是沒用，因為他自己都不想買？你說再多也沒有用。

在確定客戶對產品沒問題的話，那就表示要問他太太了，對不對？所以你已經排除所有的問題，只差要問客戶的太太了。

那麼業務員就必須再對他太太做一次介紹跟說明，千萬不要期待客戶會回去幫你推銷產品。很多人都搞不清楚狀況，還說：「好吧，請您回去問您先生（問您太太，客戶想問的第三人），問完之後，要買再跟我聯繫。」別傻了，客戶是不會幫你推銷產品的，因為你是專家，你是銷售代表，你怎麼可以期待客戶幫你講解？他不會，他沒有受過訓練，他也不懂。

客戶只是一時聽起來覺得你說的很有道理，感覺這產品還不錯而已，對不對？對。所以你必須跟他再去見一次那個可以做決策的那個人，然後由你出面再去介紹一次，但是你要讓客戶為你擔保，因為前面他已經肯定過你了，也認可了你的產品，他會向別人推薦你的產品，也的確沒有其他的產品服務品質價格等方面的任何問題。

Step 6

在第六個步驟，你與顧客見到某某人之後，就再次對某某人介紹一次產品。

Step 7

第七個步驟，在這個階段要讓顧客在中間為你的產品或服務做擔保與推薦。你要提醒你的客戶說：「您說過您認可這個產品並且沒有什麼問題，您會向別人幫我推薦這個產品的。」也許你可以在見到客戶的太太之前先跟他打好招呼，你也可以在他太太面前直接暗示他，「好吧，陳先生換您向太太介紹一下，您是多麼認可這個產品了。陳太太，您先生真的是非常尊重你，他都已經非常喜歡中意這個產品了，但他仍然要問您，可見您在他心目中的地位。他非常地愛您，其實他內心很想要買這個產品，但他說一定要請示你。」所以他太太一聽完，就說：「這樣啊！那你喜歡的話，你就買吧。」客戶這時還會開心地說：「這東西的確好，沒什麼問題的」。於是你就成交了，客戶之所以會替你的產品說話、做擔保，是因為前面他已經向你承諾了。這就是為什麼前面我要各位問那麼多問題，這些都是伏筆。

以上這七個步驟是世界最頂尖的解決這個問題的方法，再也沒有比它更好的方法了。

經濟不景氣

BEST DEAL

有很多顧客很喜歡把「現在經濟不景氣」、「現在市況不好，我們業績不好」、「現在手頭緊，我們公司財務吃緊」……，諸如此類的話，有可能是真的，但也有大部分是藉口。所以我們要學會如何把這個藉口給排除掉，達到成交。

這個方法其實也很簡單，如果顧客一說經濟不景氣，你就這樣回應：「××先生，多年前我學到一個真理，當別人賣出的時候成功者買進，當別人買進的時候成功者賣出。最近有很多人說到市場不景氣，但在我們公司絕不會讓不景氣困擾我。你知道為什麼嗎？因為今天那些擁有很多財富的人都是在不景氣的時候建立了他們的事業基礎，因為他們看到了長期的機會，而不是短期的挑戰，因為他們做出了購買的決定而獲得了成功，××先生，今天你有相同的機會，可以做出相同的決定，你願意給自己一個機會嗎？」

幾年前在兩岸三地爆發「SARS」疫情的時候，很多人的事業或商家因而受影響而倒閉了，我有一個朋友，卻在那時期反而投資一大筆錢，去租了1000平方米的房子當辦公室。為什麼？因為在疫情發生前，他永遠也不可能用這麼低的價格去租到這樣好的房子。他逆向操作，在大家全部都收攤不做的時候，全部都不敢出手投資的時候，他反而大量買進，他

一口氣與房東簽下十年合約，並且是1000平方米辦公室。在「SARS」結束之後，他繼續能使用當初簽下來的租金跟價格，而其他人卻沒有這個機會。當同一棟大樓的房屋價格越漲越高的時候，他卻還可以用最低的成本去建立他的事業基礎。想想看這是不是真正的道理？對，這就是真理。

　　你不要讓顧客因為不景氣而打退堂鼓、找藉口，可以為他分析、告訴他這正是他的機會。你要給顧客一個正確的判斷，而不要讓他找藉口。

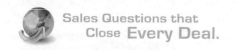

BEST DEAL

藉口之九：
不跟陌生人做生意

有時候你會遇到這樣的顧客，他對你說：：「我從來不在第一次見面的時候，就跟陌生人做生意。」遇到這樣的情況時，你該怎麼做呢？

很簡單，你可以這樣回應——

「我知道您的意思，並且非常理解您的想法，您不跟陌生人做生意，對不對？」

他說：「對。」

「同時您知道嗎？當我走進這扇門的時候，我們就已經不是陌生人了，您說是嗎？」

此時你繼續開始做銷售，不用再理會客戶剛剛的說法。把對方的藉口擺一邊去，不要別人一說我從來不跟陌生人做生意你就害怕了、怯場了。當然他如果拒人於千里之外。非要趕你走，那也沒關係，你可以來個回馬槍戰術，套出真相，請參考前文提過的內容。

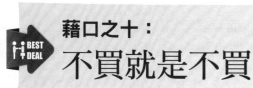

藉口之十：
不買就是不買

很多顧客很頑固，老是會說：「不管你怎麼說，我都不買。」、「不買就是不買」、「我不要跟你講話我不想聽，NO、NO、NO。」

遇到這種情況最好的辦法就是採取不要成交法。湯姆‧霍普金斯、金克拉、喬‧吉拉德、甘道夫、原一平，世界上所有的銷售冠軍，他們都擅長用這個方法，來面對頑固不化的人——

「××先生，我相信在世界上有許多優秀的業務員，經常有很多理由向您推薦許多優秀的產品，不是嗎？」

「是啊。」

「而您當然可以向任何一位業務員說不，對不對？」

「對啊。」

「身為一個專業的銷售代表，我的經驗告訴我，沒有一個人可以對我說不，他們只能對他們自己說不，對自己的未來說不，對自己的健康說不，對自己未來的幸福說不，為自己未來的快樂說不。」

不管你要講什麼都可以，只要講一些與你的產品有關的那些好處，都可以。你再告訴你的客戶：「沒有人可以拒絕你，而那些拒絕的人是在拒絕他們自己，他們拒絕自己的未來、自己的健康，未來的幸福、未來的

快樂、未來的財富、未來的成功都可以。而我怎麼能夠讓顧客因為一點小小的問題而對他們自己說不呢？如果您是我，您忍心看著某某先生、某某太太因為一點小小的問題，而對他們自己的未來的保障和健康說不嗎？您忍心嗎？」

「不忍心。」

「對，所以今天我也絕對不會讓您對我說不的。」這樣說感覺你好像挺霸氣，實際上是一種自信的表現，你這樣說並不會引起對方太大的反感，因為你說的是某某先生沒有人可以對我說不，他是在對他自己說不，這是真理，他拒絕他自己。而且你還問了一句如果你是我，這叫做互換立場，轉換角色。「如果你是我，你怎麼忍心看著某某先生、某某太太對他們自己說不呢？」如果你用這個方法互換了立場，對方就不會覺得你給他很大的壓力，而他們自己也會靜下心想一想，我怎麼忍心看著我的朋友對自己說不，所以說我要幫他們的話，我應該是不能讓他說不的，所以說你最後一句話說：「所以說今天我也絕對不會讓您說不的」，也就代表了你是為他們而著想，代表了你是關心他們的。你這種強勢是出於愛的表現。因為喬‧吉拉德就曾說：「成交一切都是為了愛。」

第 **7** 章

巧妙破解顧客的
十一大抗拒點

Sales Questions
that Close
Every Deal

我們這一套銷售教材，也許你已經感覺到了，是集合全世界所有不同的產品，不同的銷售人員，他們所使用的銷售問句當中，最有效的內容，把它結合在一起，列舉了大量的案例，讓你去大量地練習。有些適合你，有些不適合你，不過沒有關係，你總能在幾千句話術當中，找出適合你的問句。其實各行各業的人都有銷售上的問題，每個行業都需要銷售技巧，每個人都是業務員，大量地在這些問句當中，去增加你的銷售詞彙，去增加你的問句功力，去增加你在顧客面前隨機應變的反應能力吧！

現在讓我們來學習在解除顧客抗拒的時候，哪些是你能馬上反問或應用的方法，哪些是能夠立刻化解顧客拒絕的方法。你掌握的這些話術越多，這些發問技巧越多，你越能夠快速地克敵制勝，立刻成交顧客。

在你接下來即將學到一百多句發問的方法裡面，你不需要全部背下來，只需要背下兩三句，你就可以在顧客面前有非常好的發問能力。

銷售是用問的，銷售的目的是為了成交，問對問題可以幫助你成交訂單。這一百多句不可思議的、無懈可擊的問句，會讓你的銷售生涯產生扭轉乾坤的變化，所以你應該要用什麼樣的態度來學習呢？你應該渴望把這些話術全部變成你自己的，你應該拿出無比的興奮來練習這每一句話，照著步驟一步一步地去練習。這一百多句話如果一天練一句，半年之內你就能把我這套技巧徹底地消化了，你將會變成你的行業中的世界級銷售冠軍。

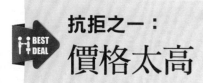

抗拒之一：
價格太高

價格，永遠是客戶心中最在意的點，那麼，有哪些方法可以解決客戶對價格太高的抗拒？以下提供有效的話術及問句給大家參考、應用：

1.比較法

客戶如果嫌貴，你一定要讓客戶再說得具體一點，因為「貴」是一種什麼，是一種感覺。你覺得100元的東西算貴？還是算便宜？有些人說太貴了，有些人說太便宜了，為什麼？那是因為每個人的參照物都不同，10元可以買到的東西，花費100元買，當然是太貴了。你是拿10元來比，10元的產品是相對次一等的東西，今天同樣的東西在名牌店裡面是賣1000元的，而今天我才賣100元，感覺怎麼樣？很便宜。為什麼便宜或貴有兩種不同的參照物，就有兩種不同的感覺了呢？

人的心就是這樣子的，同樣一塊石頭，有的人感覺非常大，而有的人感覺一點都不大，為什麼？感覺大的人，是拿它和一塊比它大得多的石頭放一起比較的。事實上，價格貴和便宜也是比較出來的，所以第一題要怎麼解？這時你要問：「您是拿我們的價格與什麼比較的呢？」

你只要問他這一句：「請問您是拿什麼來跟我們的產品比較的

呢？」如果問得好，你就可以知道要如何接著他答出來的答案去分析為什麼你比較貴的原因了。筆者的這套教材本身不只是一個教學，而是一個工具，你只需要在任何時候大量地吸收我這裡的問句，每天早上看個一小時再出門跑業務，當你在面對客戶的時候，問問題的能力就會變得特別好。

2．考慮價值

「價格的確是應該考慮，但您是否認為價值也同樣重要呢？請讓我向您分析一下我們產品的價值。」

你先肯定對方價格當然是應該考慮的觀點，並點出那價值是否也同樣重要，同時再為客戶分析一下價格與價值的不同，給顧客物超所值的感受。

3．價格正是理由

如果客戶說：「太貴了。」你可以說：「這個價格恰好是你應該購買這個產品最大的理由。」顧客一定會問：「為什麼？」你說：「其實您對這個價格的關心是完全合理的，它為什麼可以賣高價，我們先來看看高價背後代表什麼？」於是你帶著客戶把他看的角度從看到價格高拉到看到價格高的背面即代表品質高。

4．節省了相當多的錢

「我聽說過您一定要確保您所買的產品一定要是划算的，是嗎？」
「是啊。」

「其實使用我們的產品能為你們公司節省相當多的金錢，請讓我跟您分析一下原因。」

例如我銷售給客戶我們這一套教材。客戶對我反應：「太貴了。」

「我聽說過您一定要確保您所購買的每一樣產品都是非常划算的，是嗎？」我說。

「是啊。」

「其實購買我們這一套教材已經為您節省了相當多的金錢，讓我跟您分析一下原因。您可以派一名銷售人員來上我們的銷售訓練課，費用是3000元。請問貴公司有多少名銷售人員呢？」

「20名。」

「那麼20人乘以3000元是6萬元。現在我把三天銷售培訓課的所有精華又能產生實效的部分，做成了這一套教材，貴公司如果買一套才1000元的話，您想想看，20個人都可以讀到這套教材，如果貴公司將來有200人呢？也是使用這套教材。有2000人呢？同樣也是這套教材，這樣一算，省了多少錢，就不用我再計算了吧？就算你為20個人一人購買一套這個教材，1000乘以20也才2萬元，2萬元跟6萬元您知道差了多少嗎？4萬元。所以其實這一套教材1000元，它一點也不貴，可以說是相當划算，您說是不是呢？」

以上是以銷售教材的舉例示範，大家可以參考它的話術，自行去發展一套符合你公司的產品介紹，設計一套如何幫客戶省錢的介紹方法。

5 . 掙回

什麼叫掙回呢？也就是說你要務必正確地、精準地算出購買這項產品所投資的金額，分割到最後的、最小單位的相關資料。

假設你的顧客嫌產品貴，你要先計算一下這個產品使用的年限，再除以每一年，計算出一年的花費成本？算出每個月投資多少錢，然後再除以每天投資多少錢，甚至除以每小時，如果使用的時間越長的話，最後算出來的金額是越低的。你可以實際計算給他看，讓客戶明白事實上是很容易就把這筆投資給賺回來，並且還可以增加收入。

所以，你先算一算你們公司產品的使用年限，投資的金額，算到最後精準的資料，然後找你的同事或是搭檔，把這一段話互相練習到熟練。

6 . 最低價

你要這樣說：「我可以向您提一個問題嗎？」

「可以。」

「請問一下貴公司的產品是市場上最低價的嗎？」

假如客戶回答不是，或者是不總是，那麼你就要接著說：「我們家的產品也不是最低價，而且價格也不是顧客購買產品時的唯一考慮因素，而且你將得到這個產品帶來的價值，是不是呢？」

「是。」他說。

「讓我們談一談我們的產品能為你帶來的價值吧。」

若你的顧客對你說太貴了，你只需要反問他這一句：「先生，我想請問一下，您的產品是市場上最低價的嗎？」

「不是。」他說。

「為什麼呢？」你此時反問他。

「因為我們產品品質好、服務好、品牌好、價值好。」

你這時要接著說：「所以我們的產品也不是市場上的最低價，因為價值同樣對你來說也是很重要的，您說不是嗎？」

這時候你等於就用反問他，讓他站到自己的立場來想一想，他賣的產品不是最低價，來讓他聯想到其實產品是值得的，所以這樣也就解決了太貴了的問題。

7．品質最好

「我們的價格並不便宜，同時品質也是市場上最好的。」

「我們提供給您的某某產品，價格只比別人高百分之幾，其實我們並沒有開出最高的價格，這一點請您務必要理解。」

8．品質很花錢

「怎麼說呢？我想您也同意品質很花錢這個看法，對吧？」「品質對你而言很重要，所以貴等於高品質。」用這兩句話也可以馬上讓客戶立即聯想到貴的優點。

9．您怎麼會說這種話

客戶一說太貴了，你可以回應他：「您怎麼會說這種話呢？理由是什麼？為什麼呢？」你要表現一副很納悶、很好奇的樣子，或者是他一說

太貴了，你回應道：「我從來沒有聽到有人這樣跟我反應過。」客戶一聽反而覺得自己像是異類，提的問題好像很幼稚似的，給他一種錯覺，好像別人都不覺得貴，只有他自己覺得貴。這樣，他也就不好再堅持這個理由。

10 . 如果不用

客戶說太貴了。你可以說：「如果您不用我們的產品這可能會給貴公司帶來什麼樣的後果呢？」

「如果你沒有學習我們這一套教材，這將讓貴公司的業務員談銷售不得要領，每天講錯話，損失顧客、損失利潤，這即將在未來三年之內，讓你們損失多少錢，這即將在未來五年之內讓你損失多少錢？」這叫做如果沒有擁有這個產品所帶來的後果，明確告訴你的客戶，不買將為他帶來什麼代價。

11 . 不算很高

「我們的價格是高了點，但是，您要是考慮到我們的套裝產品與服務，價格就不算很高了。」

12 . 價格低一點

客戶反應太貴了，你回應：「如果價格調低一點，您會使用我們的××產品嗎？」

如果對方回答說：「是」，你可以說：「好，您想使用我們的某某

產品，現在讓我們見面聊一聊，如何才能夠讓你用更低的價格，擁有我們這一套產品。」於是就約一個見面時間，好好地再次證明你的產品物超所值，或者你能打折降價，或者提供套裝組合。

如果對方說不會，那就表示價格並不是他真正不買的原因，不是他拒絕你的真正原因。你不需要再往下，而是要去找出客戶不想買的真正原因。

13 . 感受和發現

客戶說：「太貴了。」

你可以這樣回應：「我知道您的感受，有時候我自己也是這麼想的，您知道後來我發現了什麼嗎？」或者是說：「我知道您的感受，以前我的客戶陳先生他也是這麼想，可是他後來用了我們這個產品不到三天之後，您知道他發現了什麼嗎？」要先同意對方的感受，像是我理解您的感受，某某人也這麼覺得、我也這麼覺得，後來我們發現了什麼……。

14 . 只是錢

「只是錢的問題嗎？」也許你這樣一問，對方就說：「是」，那就表示你可以在金錢、價格方面去想辦法解決。假如不是，那表示這只是一個藉口，應該運用解除藉口的方法。

15 . 唯一因素

你問客戶：「這是不是使您為難的唯一因素呢？」如果是的話那就

針對這個問題去解決，如果不是的話，那就找出真正的問題。

在解除抗拒的過程中，你經常需要使用到一個技巧那就是——測試成交。你要試探你的客戶，測試一下如果你要求成交的話他會不會成交，那要用什麼方法來試探呢？只要學會以下的方法，你就不容易遇到拒絕了，因為這些方法就算遇到拒絕，也不表示你被拒絕，只是表示試探成功了，客戶還沒有打算要買，而試探成功了他打算要買的話，那麼就有99.99％的機會是可以簽訂單的。

現在我們來練習一下這些試探成交的話術。

1. 解決定價問題

客戶說：「太貴了。」

「謝謝您肯跟我講實話，如果我能解決定價的問題而讓您滿意的話，您是否今天會做決定呢？」

「謝謝您這樣的坦白，要是我們能解決定價的問題而讓您滿意的話，您是否今天會與我合作呢？」

「謝謝您的實話實說，要是今天我能解決定價問題讓您滿意的話，我是否有機會為您服務呢？」諸如此類的問句，請練習。

2. 表明非常公道

「要是我能表明這個價格是非常公道的，我們產品的價值與價格相比起來，CP值是非常高的，您是否今天就會同意使用我們的××產品

呢？」

「如果我能確保我的課程的CP值是最高的，您是否會選擇來接受我的訓練呢？」

「要是這一套教材CP值是非常高的，您是否願意投資這套教材呢？」

這樣的說法你可以不斷地演練，不斷地換成各種不同的口語，來讓你的測試成交的發問技巧達到爐火純青的境界。

★ 3 . 多付值得

客戶說：「太貴了。」

先問客戶：「您喜歡我們的產品嗎？」

如果對方說是，那就表示客戶是對錢有異議，那你就能繼續往下問：「對於您真正喜歡的東西多付一點點錢，其實是值得的，您是否贊同這樣的說法？」

他如果說不，那表示不是錢的問題，是他本人還不喜歡這個產品，對該產品沒興趣，產品價值塑造還不夠，並沒有觸動客戶的購買欲，沒有找到顧客的問題，各種原因都有可能，你要從中找到客戶心中真正的原因。

就是這樣的一個問句，你要不斷地把它掛在嘴邊，常常在顧客有異議的時候，能夠自然輕鬆地問出來。

4．品質關係到長久合作

你可以對客戶說：「價格只是一時的，效果卻關係到長久合作。您願意多花一點錢讓您所買的產品達到最高效益，還是只想少花一點錢，去接受打折扣的效果，使產品效果得不到保證呢？」這一句話非常重要，這個問句一問出來，我相信顧客的答案應該是很明顯的。

「價錢只是暫時的，而效果卻是一輩子的，您寧可多花一點錢得到最高的效果，讓日子過好一點，還是少花一點錢而效果得不到保證呢？你現在多付一點錢，就同樣產品的壽命週期來說，每天只多花了一點點，然而該花的錢您若是少花，那最終問題不但不會減少，反而會增多，到時候您的麻煩更大，是不是呢？不願意為效果而花一些錢，最終付出的代價會很昂貴，難道您不同意這樣的看法嗎？」這段話實在太重要了，請務必花三分鐘時間，轉換成符合你的產品、你的用語練習看看。

5．價格和成本

「價格」和「成本」，是代表不同的意義。客戶說：「太貴了。」你要反問客戶：「請問您關心的是價格還是成本？」

你接著說：「您要知道價格只是支付一次，就是在您購買的時候支付，但是在您擁有這個產品、使用這個產品的期間，您最關心的就是用它的成本。您可以使價格降到最低，但您未必會使成本減少了。您給我的印象是一位非常關心成本的決策者，您認為有任何理由，可以讓你的公司不去使用能降低成本的好產品嗎？」

價格是買它的時候付出的金額，成本是長期使用這個產品還仍然要

繼續付出的代價，有非常多的產品雖然很便宜，用它的時候其實長期付出的成本更高，而有些產品價格很高，但是長期來使用下來卻能替使用者節省更多成本，我相信你知道有些產品是這樣的，如果你的產品符合這樣的特色，就可以應用以上的方法進行銷售。

6 . 勝人一籌

「很高興您對價格這樣地關注，因為這正是我們勝人一籌的地方。一個產品的價值在於它能為您做什麼，而不在於您花了多少錢去擁有它。您說是不是？讓我們來探討一下，究竟我們的產品能給您帶來什麼利益，能為您帶來什麼好處？」

7 . 今後一年

使用這種說法，首先你本人要非常有自信，而且要非常精通說服別人的藝術。

「我們的產品如果能達到您的要求，您今後一年裡就不必再為價格傷神了，但要是您現在不投資這個費用，就可能要面臨營運不下去的尷尬情況，最終您還是吃虧了。我們寧可讓您放心用今天這個價格，向您提供真正有效果的產品，我們也不願意在今後幾年，為您的效益不良而再三跟您道歉，您說我說得有道理嗎？」

例如，我對你提供一個企業的內部培訓，或者是我們公司為你提供了一個銷售培訓的教材，或者是你來聽我們的課程，你說太貴了。我說：「我們的課程，如果能真的達到你的要求，你未來一年裡就不用再為你的

業績而傷神了，要是你不投資這個學費的話，你可能就要面臨業績不良的尷尬情況，最終你還是吃虧的。我們寧可讓你現在用這個價格投資，來上我們的課程而真正放心，不必再擔心業績不良的問題，也不要讓業績不好，最終我們一再地向你道歉，我說的有道理嗎？」

8 . 好貨不便宜

「好貨不便宜，便宜沒好貨。本公司有兩個選擇，一種選擇是將產品設計得越簡單越好，讓它可以用最低的價格出售，另一種選擇是真正做出有效果的產品，從長遠來看您花的費用反而更少。」你可以這樣分析給客戶明白。

9 . 花錢買最好的

「××先生，您不認為現在花錢買最好的東西比買最終證明是差勁的產品更加划算嗎？」

10 . 麻煩

客戶如果一說：「太貴了、價格太高了。」你可以這樣說：「如果您認為我們的產品價格太高，那麼由於您不用我們的產品而給您帶來各式各樣的問題、麻煩和更大的成本，您願意為此付出代價嗎？」

「如果您認為購買我這一套教材，或者是來上我的培訓課程價格太昂貴了，那我想問您，您願意為不會這些成交技巧，而付出更大的代價，損失更多的顧客，遇到更多的麻煩嗎？」答案當然是不願意。

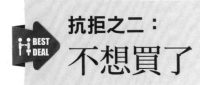

抗拒之二：
不想買了

$如$果有些顧客說：「我們真的不想買你的產品，我已經不想買你的產品了。」很直接就拒絕你了，你怎麼辦？遇到這種NO，你可以馬上採取以下的話術回應：

1.為什麼

「我能問問是為什麼嗎？」你一定要知道客戶不買你的產品真正的原因，你才能根據那個原因去解決抗拒。

2.你怎麼改變你的想法了呢？

「您怎麼改變您的想法了呢？」直接問，讓他告訴你答案。

3.我什麼地方做錯了

「是什麼原因讓您做出這樣的決定呢？顯然我沒有講清楚我的意思，您能告訴我我做錯了什麼嗎？」當你一臉無辜地去詢問客戶的意見跟態度，懇求他告訴你，你做錯了什麼，也許對方會告訴你他真正不買的原因。

4.不再關心

這一句話實際上是提醒對方，應該去注意那些值得注意的事情，而不要再聚焦在那些不值得注意的事情。試試看這一句——「您對如何提升業績已經不再關心了嗎？」

「您對提高利潤已經不再關心了嗎？」

「您對提高士氣已經不再關心了嗎？」

……提高利潤、士氣、業績等等，都是客戶內心想要的，你反問他：「難道您已經對提高利潤不再關心了嗎？」就等於刺到他的痛處，所以刺到痛處之後也許他就會重新思考，他是不是應該重新來做一個抉擇，而不是一味地拒絕你。

5.今天還是永遠

你可以這樣說：「今天我雖然不開心，但我願意接受事實，如果是永遠那我就非常不安了，我的使命就是幫助貴公司完成您的目標，我一定要全力以赴地達成使命，是什麼讓我無法幫助您呢？」

6.一定有原因

「××先生，看來您在這件事上決心很大，您這樣講必定是有原因的，如果您能向我講講原因我將十分感謝。」當你這樣問他以後，也許他會告訴你他之所以不願意購買的原因。

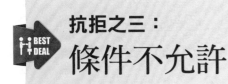

抗拒之三：

條件不允許

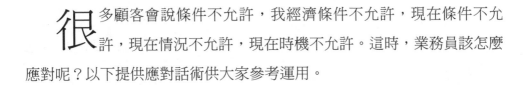

很多顧客會說條件不允許，我經濟條件不允許，現在條件不允許，現在情況不允許，現在時機不允許。這時，業務員該怎麼應對呢？以下提供應對話術供大家參考運用。

1. 渡過難關

「這正是我們商談的大好時機，我們的產品設計，就是為了協助你們這類公司渡過難關的。」

「這正是我們商談的大好時機，我們的課程正是為了幫助貴公司渡過難關而設計的。」

「那我們一定要好好再詳談，這正是我們合作的大好時機。」

2. 改善處境

客戶如果一說條件不允許，我們公司的情況不好……等，你可以這樣回應：「我們的產品正好能夠改善貴公司目前的處境。……」

3. 迎接挑戰

對方因為經濟條件不允許等種種情況對你推託時，你要說：「我們

的產品能幫助您突破逆境，是向您提出的挑戰，最要緊的是您必須在這種
挑戰中，證明自己是一個強者，對不對？」這一句話你必須很有自信地對
客戶提出，顧客很難回絕你。

⭐ 4 . 市場佔有率

「不使用我們的產品，可能會影響貴公司的市場佔有率的，讓你們
在市場的地位不但得不到加強，反而會削弱你們的業績，讓我們採取行動
來確保您的未來吧。」

⭐ 5 . 降低成本

「經濟條件不好更需要您想方設法降低成本和增加利潤，這兩方
面我們的產品都可以幫助您辦到，讓我跟您談一談我們是怎麼做到的好
嗎？」讓客戶明白就是因為目前條件不好，他才更應該買你的產品。

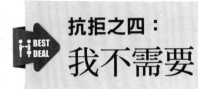

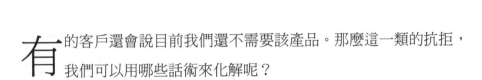

有的客戶還會說目前我們還不需要該產品。那麼這一類的抗拒，我們可以用哪些話術來化解呢？

1. 是什麼原因

「是什麼原因使您不能選用一種更好的產品呢？」

「是什麼事情讓您不能選用一種更好的產品呢？」

「是什麼讓你無法選擇一種更好的產品呢？」

要問出對方真正的原因。

2. 感到意外

「聽到您說這個話我感到十分意外，請您跟我講一下原因好不好？」你一定要問出原因，只是問出原因的各種問句和口語不同，可再參閱前文自行靈活運用。

3. 不是很愉快

「目前的情況下，是不是有什麼事情使您不是很愉快？設想一下，要是我們的產品能夠解決您的問題，那還是很值得考慮一下的。是不是

呢？」這一段話適合用在客戶給你一個很尷尬的氣氛，給你一個很不協調、不愉快的氣氛來拒絕你的時候，特別有效。

4. 他們為什麼改變決定

「在我們目前的最佳客戶中，有幾家以前也是堅絕不肯購買，讓我來跟您分享一下，他們後來為什麼改變了決定。」就是要運用這樣的說詞。例如，我們希望你報名參加我們的培訓課程，那你可能會說我就是不報啊，那我說在我們目前幾個最棒的學員當中，他們以前也是堅絕不肯上我的課程，讓我跟你分享一下，後來他們為什麼改變了決定。

於是你再往下談的過程中，就自然地可以解決客戶心裡可能存在的一些拒絕的原因了。

5. 誰需要

「也許您不需要，但您能介紹一下你們業界裡，有誰會需要我們的產品嗎？」

例如我要求你購買我們這一套《絕對成交》的教材，我說能幫助你提升成交的能力、你說你不需要，因為你們公司根本沒有銷售人員。「好吧！好吧！我知道你們不需要，那你能跟我介紹一下，你們這個業界裡有誰需要這套教材嗎？」問一個問題，你是不是又得到了一個新顧客的名單了，為自己找到新的目標。

6.他們向我說

客戶說我不需要，你可以這樣回應：「這是我第一次拜訪客戶以來，每一個人都曾對我說過的話。後來他們都變成我最棒的客戶了，你知道為什麼嗎？」這一段話你一定要很驕傲地說。

7.給我們一次機會

「從您的話中我聽出了意思，您是說以前我們沒有往來過，所以，您不用我們的產品是嗎？您為什麼不給我一次機會來證明我是值得的呢？」很謙虛很和善地，讓他願意給你一次機會。

8.優秀的公司

他說條件不允許不買如何如何。你說：「優秀的公司，總會想方設法來解決困境，以求力爭第一的，您說是不是？」

「有遠見的公司絕對不會坐以待斃，您說是不是？」

「讓我向您說明一下我們的產品，是怎樣一步一步改善你們目前的市場地位的。」

一般人很難對這樣的問題提出抗議的。

9.向您說明

例如對方不買，他提出種種原因之後，你說：「我明白，為了讓您改變主意，請問我還需要向您再說明或證明什麼呢？」

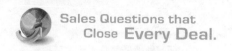
10 . 哪個更重要

客戶說：「你的產品真的太貴了」，這時你怎麼應對呢？

你可以問客戶：「在挑選產品時，您覺得哪一點對您來說更重要？是價格低？還是品質高？但是如果沒有品質，價格再低有什麼意義呢？」

抗拒之五：
有過不愉快的經歷

客戶很明確地對你表示：「我已經用過了，我不喜歡這個產品。」怎麼辦？此時，該用怎樣的話術來回應呢？

⭐ 1．向我說說

「聽起來你們以前好像對這種產品有過不愉快的經歷是不是？您能向我說說是怎麼一回事嗎？」你的語氣要很同情，並親切又自然。

⭐ 2．因噎廢食

「非常遺憾聽到您這麼說，我知道買了一樣東西然後又後悔當初不應該買，那是很失望、很難過的，但是我們總不能因為我們曾經有過不愉快的經歷，就放棄不去追求更美好的體驗，就像在一家餐飲吃的食物不合味口，就拒絕進另外一家，甚至任何一家餐廳吃飯，那不是因噎廢食了嗎？」

客戶曾經買過同樣的產品，感覺不好，他就說：「以前買過，卻是很不好的經驗，所以我不買你的產品了。」他這是因噎廢食的做法。你去過肯德基不好吃，難道麥當勞也不好吃嗎？不對嘛。你不能因為吃過一個產品不好吃，就拒絕進任何一家餐廳。

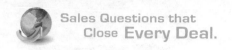
⭐ 3．根源在哪裡

　　客戶如果說：「以前買過了，感覺不好，不好用。」那你要花心思去了解造成這個問題的根源在哪裡呢？是產品？還是服務？是這家公司的老闆，還是下屬人員造成的呢？

⭐ 4．我們不同

　　「我想我們可不能把小麥當成韭菜了，我們所做的事與他們做過的事是完全不同的。讓我跟您分析一下我們的產品是怎麼樣跟他們不一樣，以及為什麼我有自信，我們公司的產品絕對比他們更好。」

抗拒之六：
好好考慮一下

還有很多顧客喜歡對業務員說：「我們要好好考慮一下。」這時，業務員要用什麼話術來應對呢？

1.逗趣

你可以說：「很好，而我們需要考慮些什麼呢？」這是一種詼諧逗趣的回應方式，小小幽默一下，當客戶對你說：「我要好好考慮一下。」表示他是在推託，你要懂得裝傻：「很好，我們現在需要考慮些什麼呢？」這時客戶心裡的OS可能是：「這個人怎麼那麼好玩、風趣，還不知道我在打發你走。」也許就不會再找一些藉口或再說推託之詞了。

2.電話

對方如果還是表示需要好好考慮一下，你可以順勢給對方一些喘息的空間：「好，等你們商量好之後，再打電話給我，到時候我再來回答你們所有的問題，好嗎？」

3.有道理

客戶說：「我要考慮考慮，」你可以先回應說：「您這樣說一定有

您的道理,我希望弄清楚背後的原因是什麼。」你先肯定他,然後還是要順著他的話,去問出原因。

4.較小事

你可以對客戶說:「您說要考慮考慮,自然是沒問題,這對我來說是小事一樁,但我們為什麼不能馬上做出決定,挪出時間去做其他別的事情,我也能立刻著手替您服務。」

5.更多的時間

「請問您為什麼還要用更多的時間來拖延這個決定呢?」

6.阻礙

「請問您能不能對我說明一下到底是什麼原因阻礙您做出決定?」

7.讓我們想像

如果客戶就是堅決因為條件不允許種種原因,而推託考慮考慮,而這個方法可以引導客戶將這個單純的思考模式,變成一個具體的想像畫面——

「我明白,我也能想像得出你們目前面臨的種種問題,利潤薄,新雇員多,士氣低落,我說的對嗎?我們的產品就是要幫助貴公司解決這個問題。現在就讓我們一起想像一下:三個月後貴公司的老闆打電話給您,說他看了財務報表,他鼓勵您再接再厲繼續努力,因為他看到財務報表上

面，您表現出來的獲利目標，已經完全超越了當初你們所設定的目標了。你們的士氣越來越高昂，您的部門是全集團第一名，這就是您所希望出現的情景，不是嗎？您是否能得到您剛剛想像的這種情景，決定於您此刻採取的行動，讓我們一起朝最後的方向努力，將可能變成事實吧。」

讓客戶想像的好處是，可以用想像的畫面打動他，讓他開始有所期待，這樣他才會願意採取行動。

8．老大難問題

「我能理解您的苦衷，我也理解首先使我們聯想到的那些老大難問題，利潤少，士氣低落，這些問題我們是應該記住，但是您想一想，我們如果日復一日地面臨這些問題，一直不去解決它，接下來會發生什麼事情呢？您可不想繼續發生這樣的事情而永遠不改變吧？如果您今天採取行動，您的員工、您的老闆、您的同事，他們就會感謝您今天所做出的決定的，難道您不希望您的同事取得更大的成功嗎？難道您不希望您的老闆取得更大的成功嗎？（或者是難道您不希望您的員工取得更大的成功嗎？）為什麼不在今天就把這些想像變成真實的呢？」

9．一起想

「讓我們一起將問題想清楚，請問您關心的到底是什麼？」你要熱情滿溢地說：「讓我們想一些辦法來提高產量和提高利潤，這是很必要的也是很有道理的，我認為我們採取行動來達成目標也是非常重要的，讓我們來談一談我們的產品，能幫到您什麼忙吧？」若是客戶跟你說了一大堆

他面臨的難題，你說：「那好，讓我們想一些辦法來解決這些難題吧。」
接著你繼續說：「我認為該是要採取行動解決問題的時刻到了，現在想一想我們的產品能為您幫上什麼忙。」

10. 自責

　　「我聽到您剛剛這樣說，其實您是要告訴我，我並沒有向您說清楚，其實要是我說清楚的話，您就不會再這樣猶豫跟考慮了，而會馬上行動的。到底我要如何向您解說，您比較能夠更清楚呢？請您告訴我更需要哪些資訊好嗎？」你要表現出你的自責，把問題歸究到自己沒說清楚。

11. 主要的關心

　　「請問您主要關心的還有什麼呢？」

　　「您最關心的還有什麼？」

　　「您現在最關心的到底是什麼？」

12. 需要做

　　「現在就向您銷售我們的產品的話，我需要做哪些事情？」

　　「如果現在您就購買我們的產品的話，我需要做哪些事情呢？」

　　「××先生，我需要怎麼做，您才會買這個產品？」

　　「××先生，我需要做哪些事，您現在就會購買？」

　　「××先生，我要怎麼做，您現在就會下定決心採取行動？」

　　你要請教顧客，讓顧客來告訴你，你該做什麼，顧客只要一回答這

個問題，你照做不就成交了嗎？所以這個方法是非常有效的。

13 . 再考慮

你要對顧客說：「要做出正確的決策，您需要各方面的事實作為考量依據，為什麼不讓我們再用幾分鐘的時間，把事情周密地思考一下呢？」這表示你現在是被他拒絕了，但你不想就這樣離開，所以你反而要求他再考慮考慮，花幾分鐘時間一起考慮。

「要做出正確的決策您需要各個面向的事實依據對不對？為什麼不讓我們再用幾分鐘時間把這個事情周密地考慮一下呢？所以首先我想問你幾個問題……」你就問顧客：「請問您喜歡我們的產品嗎？您想擁有我們的產品嗎？您有足夠的資金擁有我們的產品嗎？您希望何時開始使用我們的產品呢？現在您還有什麼要考慮的嗎？」這樣一直問，問到最後客戶會告訴你他擔心什麼，所以你就找出真正的問題了。這樣問到一半如果他說NO，不喜歡或者是沒有資金或者是現在不想用，你也就知道他真正的問題點是停在哪一個地方了。

抗拒之七：

下次再說

還有些顧客會常常說我要等到下一次再說，我要等到以後再決定。遇到這種顧客，業務員要如何應對呢？

1.為什麼要等下次

你要用要很吃驚的語氣問：「請問您為什麼要等下次才做出一個重要的決定呢？讓我們今天就把事情辦妥吧。」很直接、直白地要求客戶現在就下決定。

很驚訝地問客戶：「您怎麼會想等下次再說呢？時機很重要，為什麼您不想在此時此刻，做出一個最好的決定呢？」

「為什麼您不想在此時此刻抓住時機呢？」

2.希望得到

這一段話是要業務員去強調猶豫不決的壞處。你可以對客戶說：「讓我們看一看我到底能不能幫上一些忙。您說想要等一等，您是希望得到什麼呢？也許您會損失點什麼呢？我們來看一看……」提醒客戶在這段等待期中，客戶將會面臨的損失。

3 . 立即行動

「我相信您是在任何情況願意立即行動的那一種人，您還需要哪些諮詢，來讓您今天就下定決心擁有我們的產品呢？」先恭維客戶，再詢問。

「我相信您是在任何情況需要的時候就會立刻行動的人，那您還需要哪些資訊才能讓您今天就下定決心採取行動呢？」經你這樣一問，客戶會告訴你，你該怎麼做他才會立刻行動了。這些問句都是非常棒的問句。

4 . 失去競爭優勢

描繪損失的說服力有時候比描繪利益還要更大許多。

「我知道您還要用更多的時間來考慮，但是在考慮的同時，您在市場上要失去更多的競爭優勢，這可能會讓您付出更為昂貴的代價，為什麼不現在就做決策呢？採取行動來加強您的市場競爭優勢吧。」

5 . 治病

這一段話你要帶著客戶進入角色。前面的篇章我們曾經講過什麼叫情境成交法，就是要把顧客帶入一個故事的角色當中。

「當您非常關心某個人需要治病的時候，您會儘早送這個人進醫院對不對？推遲這個決定您可能會冒更大的風險對不對？現在我們也處於同樣的境地，貴公司現在就需要我們的產品，讓我們立即採取行動吧。」用比喻法講一個送病患就醫的故事，來讓客戶知道你現在建議他立刻下決定，不能再等。

抗拒之八：
效益不好或我沒錢

很多顧客會說現在效益不好，更多的顧客會推說：我沒有錢，現在公司經濟情況不好，這時業務員要怎麼應對呢？

1 . 舉例證

什麼叫舉例證？用他人的失敗來說明你的觀點（但是要小心謹慎使用，弄不好客戶會誤以為你是在威脅他）。

「我跟您說，我們的一位顧客的情況，他在生意不好的時候，選擇不跟我們合作，結果從此之後那位顧客就在這業界中就消聲匿跡了，而他的競爭對手生意反而更興隆了。」

2 . 增加利潤或財富

客戶若表示沒錢，你要接著問：「您希望增加利潤嗎？您希望賺錢嗎？」客戶一定都會說希望能賺錢，所以，你就有一個機會讓他採取行動來使用你的產品。

3 . 等待的代價

客戶說經濟情況不好、效益不好。「這正是我們應該儘快見面談一

談的原因，再等待下去，貴公司可能會付出更昂貴的代價。我想您肯定不願意讓這種狀況繼續下去，讓我們一起談一談，我們怎樣做才可以改善這種情況。」

客戶說：「我們公司效益不好」，你可以說：「這就是今天我出現在您面前的原因啊，我們趕快詳細談一談，我要怎麼做才能幫您扭轉局面呢？」而你的產品正是幫他提升效益最好的解決方案。

★ 4 . 積極行動

客戶若表示沒錢，你要接著問：「您說因生意不景氣沒錢，那麼您應該馬上採取積極行動來提高產量，如果您沒錢，您應該馬上採取行動來提高業績，正因為沒錢，您反而更應該採取行動來幫您賺多一點錢啊，讓我們來談一談可以如何幫您達成這個目標。」明白指出就是沒錢，他才更需要擁有你的產品。

★ 5 . 競爭的打算

「您認為您的競爭對手如果處在這種情況下，他會做出怎樣的反應？他們絕對不會損害自己的能力。讓我們探討一下您為什麼現在就應當取得我們的產品。」這樣說是要讓客戶角色互換，假如他是競爭對手他會怎麼做。

「效益不好是吧？我想問您，您想想您的競爭對手在面臨這種情況之下，他會做出什麼決定？他絕對不會讓自己繼續效益不好下去，您說是不是？讓我們探討一下如何利用我們的產品提升您的效益？」

抗拒之九：
還沒做好購買準備

還有些顧客會說：「我還沒有做好購買的準備。」這時你如何因應。

1.何時做出決定

就直接問他：「您認為何時您能做出決定呢？」你這樣追問下去就會有結果的，所以，就是發問、發問、再發問。

2.關鍵因素

「你做決定時考慮的關鍵因素到底有哪些呢？」讓客戶告訴你，他做決定時，通常會考慮什麼，你才可以依照客戶的關鍵因素再次打動他。

3.需要發生

這也是一種非常棒的促進成交的方法。

「××先生，需要發生什麼情況，才能讓你有理由做出現在就購買的決定？」讓他告訴你假如怎樣我就會買，這樣的問話邏輯萬變不離其宗，只要問就能得到好答案，好答案出來就離成交不遠了。

4.欣賞直話直說

什麼叫欣賞話直說呢？當客戶對你說一些拒絕你的原因，例如，現在不打算買。你可以這樣回應：「我很理解並且很欣賞您有話直說的態度，我想請問一下，促使您這樣說的原因是什麼呢？」先肯定他、讚揚他，再問他為什麼他會這樣說。

抗拒之十：
不感興趣

BEST DEAL

有些顧客說我不感興趣，以下提供一些話術或方法可以解除這一抗拒：

1.也是這些話

什麼叫也是這些話？你要很有把握地說：「我們有很多忠誠的顧客，剛開始也是與我們說過這些話，但是在我介紹完產品之後，有助於幫他們達成非常多的目標的，他們就馬上感覺到的確有興趣了。現在我們就想讓您多了解一下這方面的資訊。」

你可以讓顧客知道很多你的忠誠顧客原來也是說過這種拒絕你的話，但是在你向他們介紹完產品之後，他們發現能達成非常多目標，得到某些好處，於是他們就馬上感興趣了，這樣不就把顧客說他不感興趣的話立刻拉回來繼續跟他往下講。

2.公司的利益

他說他不感興趣你要表現出一副很吃驚地說：「啊！怎麼會呢？您總不會連貴公司的利益都不關心了吧？」客戶說：「不感興趣，」你說：「不會吧，您總不會連家人的利益你都不關心了吧？」你的產品能帶給他

什麼好處，客戶自然不會對那個好處不感興趣的。因為你銷售的不是產品，而是產品帶來的好處。

3．什麼使你感興趣？

你可以說：「節省金錢您感興趣吧，提高業績您感興趣吧，解決麻煩您感興趣吧，如果您對這幾個問題的回答是YES，那麼您需要了解一下我們的產品是怎麼有益於您的。」

「節約金錢你感興趣吧，提高利潤您感興趣吧，減少麻煩您感興趣吧，如果您的回答是YES，那就讓我們來了解一下我是怎麼樣幫你達到這樣的結果。」

4．怎麼會不感興趣？

「可以節省金錢和時間，您怎麼會不感興趣呢？如果在這兩點上有所改善的話，會使你的生意更加興隆的。」

客戶說他不感興趣，是因為對產品，你要積極讓他知道產品能幫他省錢還是省時間，這樣一來，他怎麼會不感興趣呢？

5．今天沒有興趣

你首先要說你理解對方，但是還是要表示你不完全明白──

「怎麼說呢？如果您說您今天不感興趣我能理解，要是您說您永遠不感興趣，那我就不完全明白了。我認為您做生意要的是利潤和銷售量吧，這樣您怎麼會不感興趣呢？」

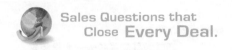

6 . 如果我講清楚

「如果您真的不感興趣，我的確感到很遺憾，我一定沒有把自己的意思講清楚，如果我清楚地介紹了我們的產品能夠透過什麼方式幫您達成貴公司的目標，您就會感興趣了。」

你一定要問客戶：「是什麼事情我沒有講清楚呢？」

7 . 如果我不講清楚

客戶說他不感興趣，你說：「我理解，我不給你講清楚我們的產品是如何幫您提高利潤和改善你們的情況的，我也不認為您會感興趣。我只要十五分鐘時間就能說清楚我們是如何幫您得到您要的結果的，我們約在幾月幾號見面，還是約在幾月幾號見面比較合適呢？」

8 . 考慮貴公司

「我可以請您花一點時間考慮一下貴公司的利益嗎？」說完這句話以後停頓一下：「我相信我們的產品有助於提高貴公司的利潤，讓我們一起探討一下我們可以如何提高利潤，好嗎？」

9 . 從未聽過

他說他不感興趣，你還可以這樣回應：「我從未聽過這種話，您能說明一下您為什麼對提高利潤不感興趣嗎？」我認為我問的可是一個關鍵的問題。

10 . 使我吃驚

「聽到您這樣說真的讓我很吃驚，因為我們的產品有這麼多的優點，而你卻不感興趣，不過我敢肯定您不感興趣一定有您的道理，您能說給我聽聽看，為什麼嗎？」問他為什麼不感興趣的原因，有助於你查出客戶真正不買的原因。

11 . 有充分的理由

「我敢肯定您說這話絕對有充分的理由，請告訴我是什麼？好嗎？」

BEST DEAL

抗拒之十一：
寄資料或E-mail

很多顧客都會對業務員說，你把資料寄給我，把E-mail發給我……等。如果看看資料或E-mail就可以成交的話，就不需要業務員了，所以你不要以為只要發E-mail就可以成交。那麼可以用什麼方法來破解客戶用這句話打發你呢？

1. 見面就更快

「如果是我的話，我也希望把資料寄給您就能說明白產品的整個狀況。但見一面能讓您正確地評估我們的產品是否對您有利，我們可不可以安排見面時間，是幾月幾號呢？還是幾月幾號比較方便呢？」

「要是我，我也想透過資料寄送就能說清楚我想說的事情，但您不覺得見一面能讓您更正確地評估，來看看我們的產品是否能讓您得到利益，我們看是安排幾號？還是幾號呢？」

2. 有興趣或沒興趣

你要用權威的語氣說：「每當有人讓我寄資料而不是當面商談時，我發現有兩種可能，一種是這個人有興趣，要了解我所提供的資料，並且不斷地希望得到更多的資訊。第二種是這個人根本沒興趣，要我寄資料只

是藉口。正因為如此我不想浪費您的時間，希望您告訴我，您是屬於哪一種情況，您不介意吧？」如果是他說沒興趣，你就說：「我相信您沒興趣一定有你的道理，您能讓我知道為什麼嗎？」你看是不是萬變不離其宗，依然是要得到他不感興趣的原因。

⭐ **3 . 對雙方都不妥**

客戶說想請你寄資料，你說：「書面資料給人帶來的疑問比當面回答還更多，我知道您的時間非常寶貴，其實只要十五分鐘，我就可以說明我們的產品能給您帶來什麼好處，我們可以約哪一天見面呢？」

「寄資料對我們雙方都不妥，看了書面資料您可能會產生一些疑問，想獲得解答，而我可以非常即時地回答這些問題，只要我們面對面個十五分鐘，您就可以非常清楚我們的產品有哪些優點，哪一天對您比較方便，這個月的16日還是17日呢？」

10個問句檢測客戶的購買意向

這一課的最後部分將提供給讀者10個問句的測試題。

請檢視你每次在銷售的時候有沒有用到這10個問句，用到多少次，如果你每次都有用到，請確認這一題你得到了10分。而10題你都沒用到的話，那麼你的銷售可能就有待加強了。所以，如果你學完這10個問句之後，每次在銷售的時候都要去問這樣的問題，因為它可以幫你檢測顧客的購買意向。

以下就是這10個測試成交的問句：

1.如果我能向您說明，我們的產品能幫貴公司得到更多的利益，您就會想要使用這個產品，我的想法對吧？

這是在測試客戶現在是否有意向要購買你的產品的一個很好的問題。

2.您是否考慮過，在下一個年度提高貴公司的產量或是利潤是很重要的？

「您是否有考慮過在下一年度如何如何……」這是很重要的問句，可以用來確定客戶的需求。

讀者一定已經發現我在教材當中不斷地提到、談到提高利潤、提高產量、提高士氣，為什麼？因為世界上最好賣的其實是錢。每個人都想賺到更多的錢，只要你能讓你的客戶知道今天他所投入的錢，明天會為他帶

來更大的報酬或回報，那麼，人人都會想要擁有的。

不管是銷售什麼產品，你要盡量多去幫顧客計算，擁有這個產品能為他帶來多少回報，我在這裡強調的這些利益、好處、利潤也許並不適用於某些產品，沒關係，你要學會轉換這一題，你可以說——

「您是否考慮過，在下一年度提高你的什麼什麼……是很重要的呢？」

「您是否想過，在將來讓您的皮膚變美麗是很重要的？」

「您是否想過，讓您的員工變得素質更高，是很重要的？」

這樣是不是就可以把這個測試的問句給問出去。

3.您想要購買（或使用、學習等）我們的××××已經有多久了？

您想「要購買我們的產品已經有多久了？」或者是「您想要上我們的課已經有多久了？」、「您想要學這套『銷售等於收入』已經有多久了？」、「您想要接受我這個××服務已經有多久了？」……這些話要常常問客戶，不管回答多久，對你都是有好處的，哪怕他說：「我沒想過。」也沒關係，那只是證明他現在的意願很低而已。

4.除了您之外，貴公司還有誰要一起做決定呢？

「除了您之外，貴公司還有誰能拍板？」、「除了您之外，還有誰要一起來做出決定呢？」

這一句話你一定要在每次銷售都要問出來，因為它能幫你判斷出顧客是否有決定權。

5.買和不買的決定是怎麼做出來的呢？

你要常常問這句話了，這樣就能了解對方做決定的方式。

6.要做出決策您打算還要用多長時間？

你可以藉此了解客戶到底要考慮多久，你才能接近成交。

7.為了得到您的同意，我還需要做什麼呢？要得到其他人同意我又需要做什麼呢？

直接問他，請他教你該怎麼做，他才會同意，這句話每次都應該常常問。

8.如果您已經得到授權，您認為您理想的產品是什麼？

例如，他說他沒有決策權，你就問他：「如果您有決策權的話，您認為您要買的產品是什麼樣子的產品？」、「假如您有權購買，假如您想購買，假如您願意購買，請跟我說一下您要買的產品是什麼樣子的？」學會這樣的問句模式，有助於您在銷售的時候能問出顧客心目中真正的需求。

9.為什麼您到現在還不開個價呢？是什麼原因使您現在還不能購買呢？

了解到客戶現在到底還有什麼原因，如果了解到原因，就針對原因去解決，如果不了解原因他也會開個價了。「是什麼原因使你現在還不能使用我們的產品呢？」、「是什麼原因使你還沒有來上杜老師的『銷售等於收入』這個成交課程呢？」讓客戶說出他真正不買的原因。

10.我們的產品主要優點是：1.……；2.……；3.……，您最感興趣的是哪一點呢？為什麼呢？

這些問題在銷售的時候要常常問出來，這些語法你都要把它學會並套入到你產品的優點裡面。

　　以上這些問句，業務員都要常常問，你有沒有常常問呢？有問的話給自己打10分，沒問的話打0分，如果偶爾有問就打5分。因為這些都是很關鍵的問句，每次和客戶談業務時必然都會用到。

　　前面我們學習了「條件不允許」，「沒錢」，「經濟不景氣」，「效益不好」，「考慮考慮」，「你在浪費你的時間，我不打算購買」……種種的這些反對意見的一個甚至一個以上的回應、應對的問句。這些回應的問句，你要死記硬背也可以，但是在顧客面前你一定要說得很自然、流暢。死記硬背可以使你儲存很多的語術，所以在顧客面前，你就能夠隨時取出任何一句來用，甚至你會發現你能創造出更多延伸句。因為大量的案例、大量的這些話術，能讓你搞懂這背後的原理原來是相通的，是一樣的。

　　筆者不斷地在教你銷售，就是希望能提高你的收入，如果你是一個企業主，如果你是一名業務員，如果你是業務部培訓經理的話，我的目標就是要讓你們有一套完整的銷售方案，能在顧客面前兵來將擋，水來土淹，這套教材相信能讓你發展出更好的銷售話術、腳本和問句模式。

第 8 章

邁向巔峰的
成交絕技

Sales Questions
that Close
Every Deal

成交的關鍵：要求

成 交其實很簡單，記住這一句話：**只要我要求終究會得到**。要求就是成交的關鍵。

大多數人在結束銷售的時候根本不敢要求，你想想看你做銷售的時候，每一次都有要求嗎？沒有。我要求你每一次銷售結束的時候必須要求顧客成交。每一次都要，要求一次不行，還要第二次，客戶說NO，就再問第三次。客戶一定會說NO的，我跟你保證。但你還是要要求第四次、第五次之後，才有可能爭取到生意。

有一次，亨利‧福特的小學同學來向他賣保險，他小學同學跟他介紹完保險內容後，福特並沒有買。那位同學隔一個禮拜又來找亨利‧福特，他還是沒有買，再隔一週，那位同學又來了，他還是沒有買，就這樣福特的小學同學連續兩年每個禮拜都來找福特談保險，但每次福特都讓他失望了。

兩年後福特又遇到他小學同學，福特立即對他說：「我買了。」

「買了？跟誰買的？」

「昨天有一個業務員來賣保險，我就跟他買了。」

「我跟你介紹兩年了，我是你的小學同學，你怎不跟我買，反而向別人買呢？」

「因為他一來就問我，福特先生請問您認同保險嗎？您有保險嗎？

今天您要跟我買多少保額的保險，請下訂單付款好嗎？而你跟我談了兩年，每一次都跟我介紹保險的意義、保險的精髓，你介紹得很仔細，但你從來沒有要求我跟你買保險。」可見，福特的小學同學從不開口要求的結果，就是兩年白做工。

★ 有要求才有成交

讓我們來你分析一個報告，63％的人在銷售結束的時候不敢要求成交，46％的人在結束的時候要求一次，但被拒絕後就放棄了，24％的人敢要求兩次，之後還是放棄，14％的人在要求成交三次之後放棄了，但是有12％的人要求四次之後放棄。然而所有的銷售有60％的交易，是在要求第五次之後能成交的。所有的交易中有60％是要求在五次之後成交的，但是只有4％的人能夠成交那60％的生意，其他96％的人都是在要求四次之內就放棄了。

如果你放棄要求成交，顧客拒絕了你一次、二次、三次之後，你放棄了，下一個業務員來了可能他只需要再要求兩次就能成交了。因為前三次顧客拒絕了你，但是顧客已經聽了三次了。客戶往往就是這樣被要求了三次之後，慢慢接近YES了，如果這時候你放棄了，這樣你不是在為下一個業務員打基礎了嗎？

成交大師的三大信念

要如何才能培養出強烈的成交信念？

我白手起家，月收入超過七位數字，在二十七歲的時候能財務自由，完全是因為我擅長這三大信念。如果把我丟到全世界的任何一個角落，拿走我的事業，拿走我的財產，拿走我的房子，拿走我的車子，只要能讓我遇到人，我一樣可以在半年之內白手起家，再次成為月收入超過百萬的人，一年之內成為千萬富翁，兩年之內成為億萬富翁。

為什麼我有這樣的自信？是我太自誇了嗎？但是我要告訴你的是因為我——**擅長成交**。

多年前，我跟全世界最偉大的銷售大師學習了成交，而我之所以能成功，並不是我具備優秀不凡的能力，只是因為我有很強烈的信念。請你相信，你真的要相信：**第一句話，我深信成交一切都是為了愛**，我真心相信我要我的顧客來上我的課程，是因為我愛他，因為我曾經歷過四處借錢過日子的生活、借錢來上世界大師的培訓課程。十多年前到處借錢的小夥子今天獲得了財務的自由，我十分堅信讓你來上我的課程，是因為我想關心你，我想幫助你，我想愛你的表現。

成交一切都是為了愛，你也要有這樣的信念。你要你的顧客找你買產品，只要你是愛他的，就叫他買產品，因為你是在幫他，是為了客戶

好，你要他買東西是在幫助他，你相信嗎？成交一切都是為了愛。

　　第二個我相信：每一個顧客都很樂意購買我的產品。我真的相信每一個人都想上我的《絕對成交》課程，參加我的《賺錢機器》課程，我相信他們每一個人都想聽我演講，都想買我的書，看我的課程光碟，為什麼？因為沒有人不想賺錢，每一個顧客都很樂意購買。如果你不去要求，別人就算想買也沒有機會付錢給你。有多少人想付錢給你，你知道嗎？他們想付錢給你，卻因為你不敢要求，而錯失了多少機會，你知道嗎？所以，你要相信每一個人都很樂意購買你的產品。

　　第三個我相信：顧客口袋裡的錢是我的，我的產品是他的，達不成交易我絕不離開。你是不是覺得很可笑？但是你真的要這樣說服你自己：顧客口袋裡的錢是我的，我的產品是他的，我怎麼可以把我的錢放在別人那裡，怎麼可以把別人的貨放在我這裡，所以，達不成交易我絕不離開，這種堅定的信念會讓你不斷地去要求，會讓你得到你所想要的，有要求就會有成交。接下來，我要與你分享成交的藝術。

成交的藝術就是發問的藝術

成交的藝術是什麼？就是發問的藝術。在成交前你要問，成交時你要問，成交後你還是要問。不斷地問、要求，但並不是死皮賴臉地叫別人買東西，拜託客戶買你的產品。而是要不斷地提問一個問題，接著再問一個問題，要問對問題，引導客戶愛上你的產品，覺得你的產品正是他所需要的。只要客戶陸續回答出好答案，你們就越接近成交。在成交前可以先問一些容易回答的問題：

「陳小姐，您的『陳』是這樣寫的吧，那您的名字是什麼呢？」

「這樣子是吧，今天星期幾？」

先問這些容易回答的問題，主要是一些直覺反射就能回答的問題，然後在接近成交時問他一些無法說NO的問題。

接下來，筆者就要和大家分享讓顧客無法說NO的方法。

1.假設成交法

曾經有一次，我在香港即將登機前，逛了一下香港機場的購物廣場。我隨意晃晃，逛到了一間賣西服的專櫃，我走到裡面隨意看看時，售貨小姐看到我走進來了後，她第一句問我的問題是：「先生，您是要看休閒的，還是正式的西服款式？」

我說：「看看。」

她說：「那您隨便看。我看您都在看正式的西服，您比較喜歡黑色、藍色還是灰色？」

她的問題，是想讓我回答，只要我答三個中的任何一個，可能都會成交，黑色、藍色、灰色可能都會成交。

但是我沒回答，我說：「看看。」

她說：「我看您主要都是看藍色的西服，請問一下您喜歡雙排釦還是單排釦，我替您去拿來試一試。」

我還是說：「看看。」她這個問題的目的是，只要我回答雙排釦還是單排釦，幾乎都是接近成交。看來這位售貨小姐是高手級的。

她說：「先生，請問您是做什麼事業的？」

「我是職業演說家、專業作家。」

「難怪您都在看藍色的西服，特別有眼光，權威人士、專業人士最適合穿藍色西服。我們這裡正好有一套特別適合您，應該還有合適您的尺碼，我去找一下。試穿一下，沒關係的。」這次她連問都沒問我，就直接去行動了。她在走進倉庫時回頭問我一句：「先生，我忘了問您，您穿什麼尺寸的呢？」

我說：「48。」

「哦。」

最後一句48我回答了，回答這句話代表什麼？

「48找到了，來，您去裡面試穿一下，修改師來了，等一下我們還可以請修改師再修改一下。」

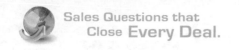

「先生，試好了沒有？這裡有鏡子可以看一下。」

當我換好西服出來之後，「先生，請您站好，我幫你量一下褲長。到鞋跟，這樣可以嗎？」

「哦。」

她馬上拿粉筆在鞋跟上面的西褲的褲腳上面畫了個記號，接著她又說：「先生，袖長我量一下，到這邊可以嗎？」

「哦。」

她又熟練地畫了一下。

「腰圍這樣可以嗎？」

「哦。」

「這樣可以嗎？」

「可以。」

就這樣我們倆互動了起來。

「肩膀這樣可以嗎？」此時的我現在穿著一套用我的尺碼畫一身粉筆灰標記的新西裝，如果你是我，此時此刻的你要說不買，是不是也覺得不容易了？當然不容易。她說：「好了，您可以去換下來了，修改師在那裡等您了。」

「多少錢？」

我的回答，從一開始的「看看」已經變成「多少錢」了，這叫什麼？這叫洗腦。洗什麼腦？不是洗我的腦，是洗她自己的腦。因為她堅信「我是要買的人」，她才會問出這些一連串的問句來——您穿喜歡藍色、黑色還是灰色？您要休閒款還是正式款？您要雙排釦還是單排釦？您試

試，讓修改師來。她洗自己腦，因為她堅信我是要買的人，她才會那樣和我對話。所以我才會有這樣的思維改變，配合她的想法去回答了。她洗自己腦就是洗別人腦，說服自己的人就能說服別人，因為她有成交的信念。

然後我說：「算便宜一點吧。」

她說：「14800不能便宜了，除非您有會員卡。」

「會員卡我沒有，還是你可以讓我借用別人的會員卡，妳幫我借一張行嗎？」

「實在不行。」

「幫我借一張嘛。」

「先生，那下次來您要多照顧我的生意，再多買一些產品吧。」

「好，妳放心。」

「好，那打完折，一共13320元。先生，您刷卡嗎？」（接著她開始打單了。）

她說：「先生，請您跟我到這邊付款。」

我付完款後，修改師拿到繳款憑證才會開始修改。一切的動作都讓我覺得是那麼樣的自然，順理成章，當我拿著西服離開時，那位小姐說：「先生，您還要不要再看休閒西裝呢？」我說：「不用了，我走了。」離開之後，我還在納悶我怎麼買西裝了，奇怪我怎麼就這樣花了一萬多元。到底怎麼搞的，我想不通。

直到上了飛機，我還在想這究竟是怎麼一回事。

「啊！」這不就是我在教學員的絕對成交嗎？她不就是用我教的絕對成交在成交我嗎？這簡直是太有效、太棒了。現在一回想起來，她問的

每個問題都是我無法說「NO」的問題，我只要回答她了，她就不斷地成交，成交，成交，YES、YES、YES。

假設成交法，就是隱藏的同意，你用不著直接問你的客戶你要不要買，你只要假想他正在買就可以了。所以你會問他要黑色、藍色、黃色中的哪個色？是要刷卡還是付現？要宅配到府嗎？客戶只要回答你任何一個問題，就表示這個交易是要的，是正在往成交方向進行的。

通常，在每次談完合約後，我不喜歡問對方我們可以簽約了嗎？我喜歡直接伸出手來，當他一跟我握手，我就說：「合作愉快」，大部分對方也會回說：「合作愉快」，這就表示這個合約已經談定了。我就只需要問對方，我是跟他的會計還是跟他的助理請款。通常他會說：「你就直接找我助理吧。」生意就談成了。

我不用詢問客戶我們能不能做生意，我們能不能成交，你願不願意跟我買東西，那都是不對的。你要先假設成交，唯有你先改變思維，你才會改變問話技巧，問話技巧改變了，你才會讓客戶的回答也跟著改變，可見，能說服自己的人才能說服別人。

★2. 假設成交加續問法

「先生，這批貨一箱8000元，你要10箱是8萬元。對了，請問您，送貨地址是送到您公司？還是您家裡？」不管客戶是回答公司還是家裡，都表示前面談好的價格八萬元已經獲得客戶的確認了。

「先生，您要的這一批貨是3562元，對了，忘了問您，發票您要二聯式的還是三聯式的呢？」不管他回答二聯式的，還是三聯式的，都表示

這個3562元成交了。

假設成交就是講出一個主要的成交決定，然後再繼續接著話題，問一些成交之後才會問的問題，這個方法絕對有效。

例如，假設女性讀者的妳在戀愛兩、三年之後很想結婚，但是妳有點焦躁不安，不確定妳的男朋友會不會娶你。有一天你們正在逛街，妳就可以問他：「親愛的，你看看那對小孩一男一女真可愛，將來婚後你想生男生還是生女生？」都沒有說要娶你，但妳先問他婚後想生男生，還是生女生，對方不管是回答生男生，還是生女生，都表示他承諾了要娶妳了。逛到公園妳再看到一家婚紗店，妳說：「將來我們結婚是拍中式的婚紗照還是西式的？」他說都可以。不管他回答中式、西式，還是都可以，都表示你們是要結婚的。接下來妳再問他什麼時候去他家拜見父母長輩，還是先去妳家裡看你爹媽，不管回答是什麼時候，他只要回答了就表示要娶妳了。也就是說，妳不要問他：「你要不要娶我。」妳只要假設他就是要娶你就行了。這叫隱藏的同意。假設已經成交了，會談什麼話題，會問什麼問題，你只需要去問成交之後才會問的問題就可以了。

3．分解決定成交

什麼叫分解決定成交呢？我們先來看以下的對話。

「請問您要看進口車，還是國產車呢？」

「國產的。」

「您要紅色的，還是白色的？」

「紅色。」

「您要四門的，還是雙門的？」

「四門的。」

「您要有天窗，還是沒天窗？」

「有天窗。」

「您要絨布椅，還是皮椅？」

「絨布椅。」

「您要有附CD音響的，還是沒有CD音響？」

「有CD音響的」

「您要分期付款，還是一次付清？」

「分期付款。」

「您要分五年還是三年？」

「三年。」

「請讓我再一次重複一下您的需求，您要的是這款國產品牌，紅色的，四門的有天窗，絨布的內裝並搭載CD音響，您要分期三年的對不對？好，我先去替您登記一下。」

「恭喜您，您要的車款目前還剩下兩台，請問您是今天先付大定，還是小定？」

就這樣，你不需要詢問客戶做一個「是否購買」的大決定，你只需要問客戶許多小決定，因為人很難一時做一個大決定，但小決定可就容易多了。小決定一次一次地做，累計加起來就是一個大決定。每一個小決定加起來就等於是一個大決定。問顏色、問款式、問付款方法，加起來等於是要買一台車了。

4．三選一成交法

「這款鑽戒5萬元，這款3萬，而這一款才1.5萬，請問您要選哪一款？」

通常你擺三個價位，對方都會選中間的，但也不是絕對。為什麼？因為客戶會覺得買太便宜的有失面子，買太貴的，有點太炫富，也有點捨不得，所以都會選中間的。所以，你想賣給客戶什麼價位的，你就把那個價位擺中間，然後前後擺兩個讓顧客自己選，通常他們都會選中的，這叫做「三選一成交法」。

5．小狗成交法

有一天，一位爸爸帶著他的孩子路過一間寵物店，孩子就蹲下來在櫥窗看著一隻隻可愛的小狗，那位爸爸還不忘叮嚀不能買。

「爸，不買就不買，就讓我看一看吧。」

這時店家主人跑出來招呼說：「孩子，喜歡嗎？」

「老闆，我剛說了不給他買，你別引誘他。」

「無所謂嘛，即使不買也沒關係，可以給孩子免費抱一抱。」

於是老闆就讓孩子抱一抱那隻可愛的狗。

「喜歡牠嗎？」

「好喜歡。牠叫什麼名字呢？」

「你給牠取個名字好嗎？」

「真的？我可以給牠取名字嗎？」

「可以呀。」

「叫牠小白行嗎？」

「好啊。」

「你真的那麼喜歡的話，叔叔也挺喜歡小孩子的，叔叔把牠借你帶回家養好不好？」

「爸爸，叔叔真好，他說免費借我回家養一個禮拜。」

他老爸說：「老闆，我真的不會買，你知道嗎？」

「沒關係的，小孩喜歡就給小孩帶回家養一養，你就押個證件給我就好，一個禮拜後再還給我好了，孩子喜歡嘛。」

於是那位爸爸說：「好啊，那謝謝你借我們養一個禮拜，我到時候再還給你吧。」

孩子說：「太棒了！爸爸萬歲！」

於是父子倆就把小狗帶回家了。替小狗洗澡，跟小狗睡覺，餵小狗吃飯，帶去學校展現，帶同學來到家裡面看小狗，照顧了一個禮拜，還約好了等一下另外一群同學要來家裡面比賽看誰家的小狗漂亮。這時，突然家裡的門鈴響了，孩子跑去開門，一看誰來了？

原來是寵物店的老闆，他說：「小弟弟還記得嗎？我說借你養一個禮拜，現在時間到了。」

「不行啦。」

「小弟弟可以請你爸爸出來嗎？」

「爸，你快來啊。」

於是爸爸來到門口：「誰啊？」

「這位先生，我們說過這狗是借您養一個禮拜，現在一個禮拜時間

已經到了，這個狗您要嗎？」

「我跟你說過不要的。」

「好的，小白，來。」老闆一把就將小狗抱了起來。

孩子說：「不行，那是我的小白。」

「孩子沒辦法，爸爸說過不買的。」

「不行，爸你救我，等一下我要拿小白跟人家比賽，爸那是我的命根子，我寧可三個月不要零用錢，我下學期一定考第一名，你相信我，拜託你買啦！孩子哭喪著臉央求著。」

他爸一看，轉而問老闆：「老闆多少錢？5000元。」

「這麼貴。」

「沒事沒事，不喜歡的話我帶走，小白走。」

「爸，不貴不貴，拜託你，我給你磕頭了。」

他爸一看：「好吧，好吧，那我買了。」

孩子的爸爸，或許真不想買，但也得買，因為他的孩子已經養得習慣了。我們稱這種銷售模式叫「小狗成交法」。

賣影印機的可以先送去給企業試用，客戶不用先付費的，用了三個月之後，你再去找客戶收錢，他通常不會想退，因為人由簡入奢易，由奢入簡難。沒有影印機的時候他可以拿到外面的店家去影印，也沒覺得不方便，但他試用了三個月，他享受過那種輕鬆便利的感覺了，你已經讓他覺得沒有你的產品會不習慣，那麼，他就會心甘情願地付錢買。

記得1996年在東北的時候，那時我剛剛創業，公司也還沒有電腦，文件都是拿到打字行請人打的。有一天，一名賣電腦的業務員走進我公

司，要賣我電腦。我對他說：「我不打算買電腦。」他說：「我同學是賣
電腦的，無所謂，電腦先給你用。」甚至那名業務員還派人幫我處理很多
文件，就在我使用了一陣子，用得正順手、很方便的時候，他們派人來收
錢（買下這些電腦的錢）。當時，如果我不要這些電腦，我可以退回去。
但是若是沒有電腦，我會感覺非常不方便，從有了電腦以後的方便到沒有
電腦後的不方便，我評估了一下，實在很適應，所以就付錢買了。這也叫
小狗成交法！

所以，你的產品都可以先給客戶試用，當客戶用上癮之後，他就會
買了，而你沒有給人家先試用之前，因為還沒有試用過，所以客戶會買的
機率也就比較小。

6. 反問成交法

有一天，有人問你說：「老闆，你們這個衣服有沒有紅色的？」

你要問他：「您要紅色的嗎？」他如果說是，就表示成交了。

若是客戶問：「老闆，你們能送貨嗎？」你回應：「您要送到哪
裡？」客戶一說地址，這不就表示成交了嗎？

「老闆，你們有沒有再大一點的尺寸呢？」

你回覆：「您穿幾號的呢？」

但是，有很多人不懂這個方法——

「有紅色的嗎？」

「有啊，有啊，紅色的有這些，您看看喜歡哪個？」

「老闆，能不能便宜一點？」

「不行。」

「那我考慮考慮。」客人就走了。

你回答了客戶的問題，卻沒賣掉產品。

「送貨嗎？」「能，當然能送貨了。」你回答了。但就是沒成交。

為什麼？

關鍵就是——**你不要回答客戶的問題，而是要「反問」**，這就是反問成交法。

有些業務員在介紹產品講到一半時，顧客中途打斷問：「你們這邊有沒有適合女人吃的，有嗎？」

「等一下，X先生，請先讓我說完，我說完再跟你解釋好不好？」

「你們這個300元一瓶的，我想買便宜一點的有沒有？」

「X先生，聽我說完好嗎？」……

業務員千萬不要老是按照公司教你的那一套，執著於頭到尾把產品說完後再回答客戶的問題，你應該在與客戶溝通的過程中，隨時留意客戶的問題和他在意的地方，那就叫做購買信號。

「有沒有女人吃的？」客戶問。

「您太太多大年齡？是要給太太吃的？還是給媽媽？」

對方一回答幾瓶，你是不是就掌握了談話主動權，你再接著問：「您要付現嗎？」持續這樣問下去，不就成交了。

客戶問：「有沒有便宜一點的，300元左右的。」

「300元的，是吧。」這時你不要說有，你要問：「請問您要幾

瓶？」因為你回答「有」是不會成交的，你要說：「您要幾瓶？」這樣客戶一回答，不就成交了。相信天天在第一線銷售的企業主們，相信天天在做銷售的銷售人員們，相信這些偉大銷售精英、銷售主管，當你讀到這裡你已經感覺到了這一套成交的思想、步驟和方法是多麼有效率、多麼有效果、多麼有殺傷力。

以上我們所講的一系列的發問技巧，都通稱為**成交時要問客戶的問題**，需要我們反覆溫習，一一牢記，並在實踐中熟悉操作；成交的藝術就是發問的藝術——

第一關鍵，成交前，先問客戶什麼？問容易回答的問題。

第二個關鍵，成交時，問客戶什麼？問一些他無法說NO的問題。

所以假設成交是一種思想，你假設對方是已經要買的人，你怎麼會問他要不要買呢？你只需要假想他就是要買的人，你會問他買大的、小的；買黑的、紅的，你會問他要不要開發票，你會問他要送幾樓，你會問他要不要手提袋，你會問他一系列他已經要買之後才會產生的問題，這叫成交時問他「無法說NO」的問題，也就是說不管他怎麼回答，都代表成交了。

第三個關鍵，成交問題後，馬上閉嘴，誰先說話，誰便會擁有這套產品。

成交問題出來之後，客戶不是買黑的，就是紅的，不是要開發票，就是不要開發票，所以你一旦問出這樣的無法說NO的問題之後，不論客戶怎麼回答，對你來說都是成交了。所以你不要在這個時候搶話，很多人在這時會緊張地想：我問客戶一個問題，這個時候他也還沒有說要不要

買，我就問他會不會太快了⋯⋯其實，這個時候冷場雖然很尷尬，但因為客戶正在思考，所以他沉默。你無須緊張也不要害怕。為什麼？因為你這個時候問出來問題了，回答的責任在客戶身上，只要客戶回答了你的問題中的任何一個選項，就代表成交了。

　　你這個時候如果緊張害怕，因為怕冷場而先講話，於是你說：「先生，不管您要買什麼都可以的，你要不要看一看資料？」、「先生，不管怎麼樣，買不買都無所謂的，您要不先參考一下另外一個樣品。」⋯⋯這時你一開口就錯了。

　　為什麼？因為回答的責任在客戶身上，只要他回答了就算成交了。但是你卻在這個時候因為沉默而主動發話，等於把他肩膀上的責任摞到你肩上，好像今天你丟了一個山芋給他，他一接到感覺很燙手，你又去幫他把這個山芋接回來放在你手上，所以請務必保持沉默，他沉默越久，表示他正在思考他到底要不要買你的產品。

　　當然他不一定會回答你的問題的任何一個選擇，例如你問他：「先生，您要買紅的，還是黑的？」或者你問他：「先生，您是刷卡，還是付現金？」這個時候他保持沉默，也許他回答刷卡，也許回答現金，也許回答他要發票或不要發票，紅色或黑色，但是他沉默越久，有可能會有另外一個回答，就是不回答你這兩個答案的任何一個。他回答的到底是什麼，99％都是他不能購買你的產品的真正原因，也就是說就算不成交，他也必須回答你一個不能購買你產品的真正原因。

　　例如對方可能會說：「我真的要考慮一下。」這個時候就直接根據解除抗拒的方法來判斷真假，問他這是否是唯一的問題。排除藉口，找出

真正抗拒點去回答。

它是一個流程的問題，你跳到解除抗拒的流程部分就可以自然地往下了。也許你問他是否要開發票，他想了許久不回答，他可能回答你一個他不買的真正原因，例如，說：「今天這個產品還是太貴了。」這時你怎麼辦？不要緊張，你這個時候只需要跳到解除抗拒的部分（請見第六、七章），去使用我教你的解除抗拒的流程，照步驟做就可以了。

不管客戶回答什麼，對你而言都是有利的，對你來說都是朝著成交更進一步，順著他的回答往下去便把他帶到成交。如果你問出一個成交的問題，他正在沉默的時候，你因害怕而先回答了，那就不妙了。

為什麼？因為不管你回答什麼，不管你講什麼，如：「這位先生您要不要先看看這個介紹呀？」就無法把他帶往成交，反而是走倒退路了。你好不容易問到這個時候了，你千萬記住問到這個時候，問出來就閉嘴，一講話你就前功盡棄了。

當你一講出：「你要不要參考這雜誌呀？」「你要不要看一下這個說明書？」「你要不要先試用一下呀？」只要你一開口，對方等於就鬆了一口氣，順勢地回應你：「OK，我看一下這個說明書。」「OK，我看一下這個介紹。」「OK，我試用一下」「沒問題，我再考慮考慮。」你等於給他一條路去退縮了。於是他順著你的話，順著你給他一條路往外走出去了，這樣就無法成交，你就要把產品帶回家了。

誰先開口誰就會擁有這套產品，只要客戶先開了口，他不是把產品帶回去，就是講出不買的原因，當你知道他不買的原因，你又可以把他的疑慮解除，他還是有可能把產品買回去。這就是這部分我們特別強調的成

交藝術，成交問題出來之後一定要閉嘴、閉嘴、再閉嘴，千萬切記。

有一次我在和一個客戶溝通的時候，我問出了一個關鍵問題，當時我們大概已經談了十幾二十分鐘，大部分是求同存異的。直到最後有一個關鍵的問題我把它解決了，我在解決完之後問了他一個問題，我問他：「您要訂貨5萬，還是10萬？」這時候，他沉默不回答，我當然也沉默不回答，我們兩個面對面坐著，他整整十幾分鐘不講話。

十幾分鐘的沉默，一般來講這是很恐怖的事情對不對？一定是很尷尬。我當時雖然也感覺到有那麼一點尷尬和冷場，但是沒有關係，這時候回答問題的責任不在我身上，在他身上，所以我就繼續看著他，微笑著。他在想什麼，我真的不確定，但我確定他現在面臨著回答我問題的壓力，他知道一旦回答了，就代表成交了。是的，大部分人都聽得出來，一旦他回答了就要成交了。所以大部分人不敢隨便亂回答這個問題。若不是他真的要買，他是不會回答你問題的，但是回答的責任既然在他身上，他不買的話，也要告訴我一個他不買的理由。

十幾分鐘過去了，顯然我們兩人在比賽看誰沉默的時間長，但我就是忍住不開口，因為我完全有權利不開口，最後他終於開口了。他說：「好吧，算你贏了，你厲害。」伸出手來和我握手，並說：「我今天先訂貨10萬。」原來他也知道我們在較量看誰先開口，他也想保持沉默。他也知道我在保持沉默，他知道誰先開口說話，誰就要拿走產品，他知道我是絕對不會開口說話，最後他開口說話了。這個事情我印象非常深刻，所以，我現在用它來提醒你：再長的沉默都不要害怕。

最後的關鍵，成交後還得問，問到對方不後悔。在你的顧客回答了

我要開發票，發票開哪裡？公司抬頭怎麼寫……這一系列成交問題後，我們還要掌握一個細節。你要千萬記住，在這個時候每一個問題都必須是成交後才會問的問題。這時候你還必須在結尾時，問一個問題讓客戶回答，回答這個問題後代表他不會後悔。

「這位女士，我印象中您來我這邊已經考察了兩個禮拜了，在這兩個禮拜當中，您一定看過非常多我同業的競爭對手，為什麼最後您決定要跟我買？」

她已經決定了要跟你買，在最後你還要補上問這一句：「為什麼最後您決定跟我買？」她就會回答：「因為我看別家服務態度沒有你好。」、「因為我看這別家價格實在是比你高。」或者是「因為你最熱心你最有熱忱，就是這樣的。」

「謝謝您，謝謝您這樣鼓勵我，謝謝您讓我學到了這麼多東西，我會加油的。」

當你跟她這樣對話完畢之後，就做完了我提醒你的「成交後還得問，問到她不後悔。」她不會後悔，因為從到尾她再次肯定了自己對購買你的產品的這個決定是對的。

喬‧吉拉德成功賣出汽車時，都會在結束時問這一句：「我印象中你買車通常要比較十幾家，為什麼最後決定跟我買？」

「喬‧吉拉德先生，因為我覺得你最專業，你名氣最大，你的車還是最符合我需求的。今天會做這個決定是我覺得你的服務很好，你真的非常優秀。」

你要懇請對方告訴你：「請問您為什麼決定買我的產品，請問我到

底哪裡做得比較好，讓您這麼肯定我，到底我做了什麼才讓您願意跟我做生意，讓您願意支持我？」也就是說你懇求別人把你做對的事情再講一次，等於是他肯定你之後，他也肯定了他自己的決定是正確的，他整個人從頭到尾又被他自己推銷了一遍。

大多數人成交之後，他回去都會有後悔的情緒，擔心自己做錯了決定，他擔心沒有售後服務，怕自己是衝動購買，他的種種擔心在成交後24小時之內會全冒出來。這時他就會回來找你退貨。所以，你應該在他一開始成交的階段就打好預防針，這就是成交的藝術。

我們已經將成交的藝術徹底地講解完了，你已經學會了整個成交的藝術，成交的技巧，成交的流程，解除抗拒的所有辦法。但是，親愛的讀者，不論你用什麼成交技巧，假如你還無法成交的話，那就是表示你還是沒有得到顧客的信任。

如果你還沒有得到顧客的信任，不論你用任何的成交方法你都無法成交，因為這些方法和技巧只占你在銷售時候的小部分，絕大部分七成到八成的原因是，你之所以能成交都是因為你是顧客心目中那個值得依賴的人。

所以千萬不要以為使用所有的這裡所學的成交技巧，你就可以拿下任何生意，只要你忘了在顧客心目中創造信賴，忘了做一個值得別人信賴的人，成交技巧對你都是無效的。換句話說，只有在你建立了信賴度之後，這些方法才能輔助你快速成交。

邁向巔峰的必勝問句

親愛的讀者，假如學到目前為止，你已經會了非常多有關了解需求，解除抗拒，要求轉介紹，測試成交等所有的原則、原理和問句的模式以及語法，這些你都已經精通了，你最後的目標是要什麼？當然是為了成交對不對？所以現在我要來跟各位分享的是在成交的時候，所有我認為適合於各行各業人員所使用的成交問句，當你學完這一課的時候，就是你業績直線攀升的時刻了。

1.下一步

「××先生，如果您相信使用我們的產品，貴公司將得到更大的利益和好處，那麼您下一步打算怎麼做呢？」

這是一種引導，引導顧客的思路，逐步地深入他心裡面。

2.多久才能成交

「某某先生／女士，如果您感覺使用我們的產品能節省貴公司的時間和金錢，那麼我們還要等待多久才能成交呢？」

這是一種試探成交，測試成交。正確來說應該是馬上，但事實上也會有些人告訴你說，明天我就能決定了，請讓我考慮一天。所以你已經在步步逼近他成交了。

3.你有權批准嗎？

這一句話的目的是為了要明確購買決策人是誰。

「某某先生／女士，我能不能這樣認為，如果您欣賞我們的產品和同意這個價格的話，您有權決定購買的？」

也就是說你很有禮貌地問客戶這個問題，就能得到他是不是決策人的答案。

4.特色和優點

「您對我們的產品最感興趣的特色和優點是什麼？」

這可以讓客戶自己說出來，什麼特色吸引他、什麼優點吸引他，於是他說完之後，你不但了解了，他也自己肯定自己一遍，所以你可以直接拿這一句話來問他：「那您什麼時候要開始擁有我們的產品？」

5.還有誰

「會與您商談的還有誰？」

6.這麼特殊

「您是否徹底地了解我們的產品是這麼的特殊嗎？」

7.和別的人一起做決定

「是否還有別的人會與您一起做出決定？」

問是否還有別的人與你一道做出決定，可以了解他的決定權有多大。

8.妨礙

「是什麼原因，妨礙您今天就做出決定嗎？」

要和顧客有良好的互動，必須積極開口問，有什麼原因妨礙客戶今天就做出決定嗎？所以只要他一回答，你就找到了真正的障礙了，這很重

要。

9.何時開始

「如果我們的產品能滿足您的標準或要求，我們何時能開始呢？」

「如果我們的課程能滿足您，您何時才能來報名呢？」

10.何時送貨

「某某先生／女士，既然您知道了我們產品的優點，您希望我們何時送貨？」

「某某先生／女士，如果您已經了解了我們公司的產品和優點了，那麼我們何時才能送貨？」

不要以為把這些話問出來就成交了，這些話問出來之前，前面有一大堆的話，我只是把這個最後階段的用途，拿出來讓你熟背，如此而已，而且背完這些話不是成交，就是找出真正的抗拒點，並且這些話有助於往成交發展。

11.與你的想法合拍

「我們的做法與您的想法合拍嗎？」

「我們的服務與您的想法合拍嗎？」

「我們的方案與您的想法合拍嗎？」

「我們的課程與您的要求合拍嗎？」

明白了嗎？就是要問我們的某某某與你的要求是否合拍。

12.加上大名

這裡要用一種商量的語氣：「我想在我們的客戶名單上加上您的大名，我們是不是有機會再向前走一步呢？」你把成交動作講得非常含蓄。

13.做你的生意

你要很真誠地說：「跟您做生意，我還需要做些什麼呢？」

14.角色換一下

「某某先生／女士，要是我們的角色彼此換一下，您打算接下來做什麼？」

因為談到這時候你想要成交他了，但是你也許不想說得太直白，而你又必須成交，怎麼辦呢？

「某某先生，要是我們現在角色換一下，您接下來打算做什麼呢？」讓他想一想，意思就是暗示他：我要成交你了。

15.欣賞優點嗎？

「某某先生，您欣賞我們產品的許多特色嗎？」

「某某小姐，您欣賞我們產品的許多優點嗎？」你的產品一定有很多優點，所以你要問客戶是欣賞我們的產品的哪些優點呢？

16.要是進一步商談

「假如您想進一步使用我們的產品，您希望何時拍板定案？」這是一種假設，假如你想進一步，所以使成交的語氣更自然一點：

「假如您想更進一步使用我們的美容產品的話，您希望何時開始呢？」

「假如您想使用我們的保健食品的話，您希望何時開始？」

「假如您想跟我合作的話，您希望何時開始？」

17.問題能解決

「您希望業績的問題能得以解決，是不是？」

「您希望士氣的問題能得以解決，是不是？」

「您希望人員素質的問題能得以解決，是不是？」

18.諮詢

「您在訂貨前還需要向別人諮詢嗎？」

「您在購買前還需要向別人諮詢嗎？」

「您在下決定前還要向別人諮詢嗎？」

這同樣是成交前很重要的一個問題。

19.對你們有利

「如果您已經明白使用我們的產品對你們有利了，而我們的價格是非常優惠的，我們是否今天就可以確定下來了呢？」

20.這正是你要的

「您對我們的產品能為你們創造的效果感到很高興對不對？而這也正是你們想要我們做生意的原因，對不對？」

21.要是我能表明

「要是我能表明我們的產品能為您和貴公司節省很多錢，您是否今天就要付諸行動了？」

「要是我能證明我的產品或我的服務，能為您的公司節省很多錢，我們是否今天就有機會為您服務呢？」

22.你能看出

「您能看出這在什麼地方能為您省錢嗎？要是您想省錢的話，您認為何時開始最好呢？」

「您能看出我們的培訓課程和我們的培訓教材，能幫助您節省非

常多不必要的浪費嗎？要是您想節省更多錢的話，您認為何時開始最好呢？」

23.我打算幫你

你要很自信地說：「這就是您所需要的產品，我打算讓您得到它。」這時候你拿出訂單來、拿出筆來讓他寫就對了。自信滿滿地說：「我打算幫您，這就是您所需要的，我打算幫您得到它。」

24.最重要的事

「您對我說過產品的品質對您是最重要的，是不是這樣？如果我能向您證明我們的產品品質的確是一流的，是否今天我們就能為您服務啊？」

25.如果你已經知道

「如果您已經知道我們課程的實用性，那請問：您希望得到這樣實質有效的幫助嗎？」

26.想像一下

「想像一下，你們公司業績猛增的時候，是什麼情景？」

「想像一下，您只要做出這個決定之後，你們公司的帳戶的錢會越來越多是什麼情景？」

「想像一下，你們公司是全市場上最會銷售的一家公司，貴公司能多賺多少錢，這是您要的嗎？如果是的話，我什麼時候能有機會為您服務呢？」這些東西融會貫通，你要變成全身流的是銷售血液的超級業務員，你要變成全身上下充滿著銷售能力的銷售超人。銷售等於收入，而銷售最重要的就是要成交。

27.顧慮

「您還有什麼顧慮的嗎？」

28.說服你

「能否請您告訴我，為了讓您購買我的產品，還需要我為您做些什麼呢？」讓顧客教你如何推銷他，讓顧客告訴你：你怎麼做他就會成交。

29.什麼也不做

「如果您對已經看到的問題什麼也不做，那會發生什麼情況？」

「如果您對已經看到的問題什麼也不做，那後果會多麼不堪設想？」

30.我們的承諾

「既然您能了解我們對效果所做出的承諾，我能為您填訂單了嗎？」

「既然您了解我們對於業績提高所做出的承諾，我們能填妥這張報名表了嗎？」

「既然您了解我們對您皮膚美白所做出的效果承諾，我們能開始為您開卡嗎？」

「既然您了解這張保單對您全家所提出的保障和承諾，我們能開始您讓保障生效嗎？」

「既然您能了解今天我們的合作方案能給您帶來更大的利潤，我們能開始簽下合作協定嗎？」

31.消除你的顧慮

如果對方提出了好幾條妨礙成交的意見，這個抗拒點很多，怎麼辦

呢？你應該一一記下來，然後一一回答。對每一條意見你都要做到讓對方滿意，你可以說：「我希望能一一地消除您的顧慮。」或者你的口氣可以很緩和，用商量的語氣說：「現在我可以根據您剛剛提到的那一點問題向您說明一下嗎？」當他說可以啊，你可以往下這樣講。你說：「××先生，我希望與我打交道的人，都像您一樣能夠明確地說出他們的顧慮，要是這樣的話我們工作起來就更有勁了，因為這將使我有機會向他們說明我們的產品對他們是非常有用的。我知道您打算從我們的產品中得到更多利益的，就讓我來跟您解釋吧。」然後……解釋完之後，你還要問：「我的回答讓您滿意了嗎？我很高興我能消除您的顧慮，讓我們採取行動吧。」

第 **9** 章

十大必殺成交絕技

Sales Questions
that Close
Every Deal

　　在前文我們已經學了全世界最多的顧客最愛掛在嘴上的十大藉口，以及該如何去破解它們的必殺絕技，這些方法都非常有實用有效。我們這套訓練最大的一個用意，就是要讓你產生實際可用的效果。我們不需要給你過多的理論。當你把這些問句跟談話方法大量地吸收並背下來的時候，進而舉一反三，融會貫通，並調整成符合運用在你的產品或服務上，以便能讓你在顧客面前，隨時可以調出來運用的法寶。

　　所以，接下來這個一部分，筆者要跟大家分享的是全世界最有效的十種成交技巧，這跟我們在前面分享的成交技巧有什麼差別呢？在成交的藝術的篇章當中，我講了成交就是發問藝術——有假設成交法、假設成交加續問法、小狗成交法、反問成交法，有各種假設成交的延伸的方式，但那些講的是一些所謂的語句的組合方式。那些語句的架構方法我們學了很多不同的類型跟原理，與各種不同的語句的應用方法。在我們懂了做程式的方法還要能應用這個程式。

　　我們現在大量提供的是成交當中最好用的、常常用的這些問句，以及應用的模式。

　　接下來，我們將介紹全世界最有效的十大成交技巧。

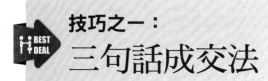

技巧之一：
三句話成交法

什麼叫三句話成交法？你已經介紹產品介紹了很長時間，你也證明了你的產品的確是能省錢，同時也讓顧客試用，前期種種的一系列流程都結束了，最後你要成交了，只要用三句話就綽綽有餘了。例如今天你的產品是可以幫顧客省錢的，那麼，你的第一句話就可以問他：

「×先生，您知道它可以為您省錢嗎？」

他說：「知道。」

「您希望省錢嗎？」

他說：「希望。」

前兩句話客戶給你的回饋都是肯定的，這就叫測試成交。你已經測試過了，那麼第三句話你就可以大膽地問他：「如果您希望省錢，您覺得什麼時候開始比較適當？」

正常來講答案都是立刻開始，所以這樣的問句有助於你得到這樣的答案。如果顧客說「不知道」、「不希望」，那你就要去參閱解除抗拒點的方法，按流程和步驟一一化解。

你不能直接問客戶說：「如果您希望省錢，您希望什麼時候開始？」你一定要先問他：「您知道我們的產品可以省錢嗎？」對方答：「知道的。」你再問：「那您希望省錢嗎？」「希望。」「如果你希望省

錢的話，你希望什麼時候開始比較恰當？」答案通常都是「現在」，假如你賣的產品最大的功效是省錢的話。

　　以上用「省錢」做案例，當然，如果你今天賣的產品並不是強調「省錢」功效的話，你可以拿別的詞句套進這樣的三句話當中來達到成交。例如你的產品可以讓顧客更美麗的──

　　「您知道它可以讓人的皮膚迅速地美白嗎？」

　　「知道。」

　　「您希望您的皮膚變得更漂亮、美白嗎？」

　　「希望啊。」

　　「如果您希望肌膚更美麗更白嫩的話，你希望什麼時候開始比較恰當呢？」通常答案都會是「現在。」

　　諸如此類，想一想在你的產品當中有什麼特色，你的公司主推什麼賣點，你都可以套用這三句話的模式來反覆練習。記住鋼琴是彈出來的，越練習則技巧越純熟；籃球是練出來的，越練技術越高超；口才是練出來的，越練口才越好。同樣的，銷售的口才、發問的技巧、成交的能力也是練習出來的，是反覆說出來的、問出來的。

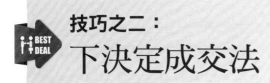

技巧之二：
下決定成交法

什麼叫下決定成交法？也就是說你不管跟客戶談了多少次的產品介紹，塑造價值，解除抗拒，最後你覺得該是到了成交階段，你把這一句話說出來：「不管您做什麼決定，買或者不買，您今天都必須做決定。」這是有道理的，為什麼？

因為「買」要下決心，「不買」也是要下決心，說不買沒關係，我們不是要強迫客戶買，只是要客戶做個決定，因為你不想浪費時間。「今天您不買也沒關係，我可以節省時間，如果您決定買，您也能快速得到您要的東西了」所以這是很合理的，你不要怕這好像有點過度為難別人，其實並不會。

「不管您做什麼決定，買或者不買，您今天都必須做個決定。如果您只要投資1萬元，就可以保護您的家人，而您自己又不會有任何損失的話，那麼您讓您的家人處於危機中，又有什麼意義呢？」這就是最直白、最直接的提問方法。

如果你是賣保健品的話，你也可以這樣講：「不管您今天買或不買，您都必須做個決定，不管您做什麼決定都無所謂，如果今天只需要花個幾百元就可以讓全家吃得健康、營養，保持健康的身體，那你又為什麼要讓家人的身體處於次健康狀態呢？」一樣的道理很直白地直接問他一句

話。

如果你是銷售化妝保養品的:「不管您今天買或不買,您都必須做個決定,無論您做什麼決定都可以,如果今天只需要幾百元就可以讓您的肌膚美麗,看起來自信大方、光彩動人,而您自己又不會有任何損失的話,又為什麼要讓自己的皮膚日漸黯沈,失去光采呢?」

同樣的道理,你賣什麼你都可以,用這樣直白的方法要求他下決定:您做決定同意了,您可以得到您要的健康,您做決定不同意也沒有關係,也讓我明白我不用再浪費時間了,請下個決定吧。這樣的話可以讓對方不要再拖延了,也不要再推託了,你可能會聽到「YES」,但你也可能聽到「NO」,但你必須聽到任何一個,就是不會聽到「下次再說」這樣的推託之詞。

技巧之三：
直截了當化解不信任抗拒

其實我們每一個成交技巧都很簡單，但是這些案例卻可以不斷地試用於大部分的行業、大部分的產品。我刻意準備的這些又簡單又適用於各大行業的案例跟話術，背熟這些簡單的案例跟話術，對你的銷售是直接產生助益的，對你的成交技巧是立即產生幫助的。所以你不要去想像有多麼困難，有難如登天的事情會在本培訓課程中發生，不會，你只要去照我的方法去學習並練習，就會有成效。

如果顧客說：「我再想想看」，怎麼辦？「我再想想看」這是一種不信任你的表現，因為客戶如果有任何的疑惑，他應該會直接反應給你知道，他如果今天想要了解什麼他也會直接問你，但如果他不說買，也沒表示不買，就只說：「我要想看看」的話，這有兩種可能——

第一，他不好意思拒絕人，這也許可能是個機會；第二，他又不太信任你，覺得買的話可能會有風險，可能會有損失。他有問題也不敢講出來給你聽，他覺得講給你聽也沒用，因為你給他的回答一定是正面的，你給他正面回答，他聽了以後，也不打算要相信你，他幹嘛要問這些問題呢？所以說當客戶不信任你怎麼辦？沒關係，你可以直接問他：「您不信任我嗎？」「您不認為我會對你誠實嗎？」「如果您信任我，我們現在就可以談一談。」

第一句話，「您不信任我嗎？」你要很大膽地戳破那一層紙，因為你要成交，你就必須得到客戶對你的信賴，但是你沒有得到他的信任，你必須知道他不會浪費你的時間，所以你大膽地問他：「您不信任我？」答案只會有兩個，如果是信任的話，他會說：「不是，其實是……原因。」如果他不信任你，他可能說：「是的，我不信任你。」

當然還是有些人不信任你，他也不好意思跟你說，所以第二句話你要問：「您不認為我會對您誠實嗎？」當然答案也是只有兩個：一個是「我認為你會對我誠實，我信任你。」或者是「我不覺得我能信任你。」所以他不認為你會很誠實，怎麼辦？他已經告訴你答案了，沒錯他不夠信任你，那麼你就更要問他：「那我需要怎麼做，您才會相信我？我要怎麼做您才會對我更放心？或者多長時間您才會覺得我是可靠的人？」你一樣是在銷售你的信任，你要去問他，假如他不告訴你的話，他可能還是會繼續對你說：「沒問題，沒問題，我相信你，你是誠實的。」

「如果您認為您信任我的話，我們現在就可以繼續談下去了。」如果客戶不回答說「他不信任你」，而且他其實並不信任你，但他卻不告訴你，騙你他信任你的話，怎麼辦？你等於就要往下去成交了，往下成交他會感覺到壓力更大，他就只好告訴你原因，這都不要緊，你最關鍵的是要去問，而且不管他說完這樣的話之後，不論花多長的時間你都要等他的反應，不管問完這樣的話他沉默了多長的時間，你都要等他的反應，從他的反應中，你才可以得到真實的答案，而你要的正是他的回答，你要的正是他的真實答案。所以弄了半天，你發現他推託你——

「請問您要不要買呢？」

「我要考慮考慮，我要再想想。」

「這位先生，您不信任我嗎？您不覺得我會對您誠實嗎？如果您覺得我很值得信賴的話，您信賴我的話，我們可以繼續往下談。」

如果他是肯定的答案的話，你就往下要去成交他，所以他會告訴你他真正的疑慮，而你也有機會把這個疑慮給找出來，就有機會解決。也就是說找不出客戶的疑慮，你就解決不掉疑慮，顧客不願意說出真相，即使你運用再多技巧都是沒用的。

技巧之四：
降價或幫他賺更多錢

很多客戶會在成交的時候對你說：「我負擔不起。」怎麼辦呢？有兩個答案——

方案一是，如果花這筆錢，真的會讓你的顧客生活受到影響的話，那你的確是可以考慮適當地降價，但是大部分情況不是這樣，所以大多數這樣的話都是藉口。也就是說不要馬上就考慮降價，你應該先去排除客戶的藉口，解除他的抗拒，然後發現的確能解除抗拒，這樣用不著降價你就能成交。如果你發現客戶的確是經濟上有很大的困難，花了這筆錢他生活可能陷入困境，那你是可以考慮適當降價的，但降價的時候記得要用前文提到的「如果法」。

方案二是，如果客戶買這個產品，能幫客戶賺更多錢或者省更多錢的話，而你的產品確實具備這個特色的話，顧客表示他真的負擔不起，其實反而他更應該借錢來買這個產品，因為這個產品能幫他省更多錢或賺更多錢。一個經濟能力不好的人，不是更需要這樣的商品呢？你怎麼可以讓他因為沒錢而不買？

「如果您是真的負擔不起的話，您更應該來上這個課，即使借錢都應該來上。為什麼？因為我這個課專門是教您賺錢的，一個人連一萬元學費都繳不起，您不是更應該來學賺錢嗎？那是因為您沒有決心，您不肯下

決心去借錢，所以您找這個藉口，我不能讓您找這個藉口。您要排除萬難，去借錢都應該來上這個課，因為上完這個課程後會幫您賺回更多的錢。」

如果你的產品也是能讓別人省更多錢或賺更多錢的話，是很適合的，例如保險，例如投資一些能獲利的產品，如果你的產品能幫別人達到這樣效果的話，你就要讓別人下定決心去借錢來買你的產品。

因此這裡提供的兩個方案，你要思考一下你的商品是屬於能降價的，還是不能降價的，是屬於能幫別人賺回更多錢的，還是不能幫別人賺回更多錢的，請想一想，你該採取哪一項行動？

技巧之五：
免費要不要

還是有些客戶會說價格太高了，那怎麼辦呢？客戶如果老是說價格太高了，對價格一直這麼敏感，你可以按以下三個步驟來解決——

第一個步驟，你問他：「如果是免費的，您願意買我的東西嗎？」「如果免費，那買啊，誰不買對不對？」

如果不用花錢你會買嗎？很多人都說當然要，這樣就可以往下進行第二步驟了。如果客戶說：「免費我也不一定要」那就表示不是錢的問題。「免費的，我也不一定買」那表示不是客戶對你的產品沒興趣，是你還沒有塑造出產品的價值。

例如，我賣你這個筆記本。

「多少錢一本。」

「400元一本。」

「啊？那麼貴！」

「這不一樣，這裡面品質好啊，這裡面在學習的時候還可以看到創富教育給你的一些新觀念，您可以買一本嗎？」

「太貴了。」

「如果不要錢的話，您會要嗎？」

你說：「不要，免費的我也不要。」那表示你根本是不喜歡它，我還沒有說到筆記本的價值，你對它沒興趣、沒需求。所以我也不需要去證明我可以降價，不需要證明物超所值品質好。

例如客戶說：「400元一本太貴了，我實在是覺得價格太高了。」

我說：「如果不要錢的話，您要嗎？」

「不要錢那當然要。」

接下來第二步驟，我就說：「如果您買我的東西，我會讓您看到它是物超所值的，這樣你就等於是免費得到它了。」接下來就向客戶證明這產品為什麼物超所值。

例如，如果今天你賣的是一間房子。

顧客說：「每坪多少錢？」

「12萬。」

「啊？12萬，太貴了，實在價格太高了。」

「如果我免費送您這間房子，您要不要？」

「當然要啊。」

「如果您買這間房子，我可以跟您證明這一坪12萬會漲到15萬，會漲到20萬，這未來十年升值空間有多大，如果是這樣物超所值的話，您不就等於免費得到這間房子對不對？」

「對啊。」

「讓我跟您證明它是如何有升值潛力的。」所以你說完等於給了顧客一個答案：這個房子是物超所值的，相當於就是免費了。

第一句話：「如果是不要錢的，您會買這個產品嗎？」

　　第二句話：「如果您買這個產品，我會讓您看到這個產品是物超所值的，這樣您就等於免費買到它了，是不是呢？」

　　他如果說是，接下來第三步驟你就要證明為什麼你的產品是物超所值的。

　　把以上這三個步驟背下來轉換成你的行業、你的商品，去設計一套問話模式，你要去練習，把這樣的話練到運用自如，變成你的口語肌肉變成你的銷售肌肉，變成你血液的一部分。

技巧之六：
給客戶一個危急的理由

很多人愛拖延，同樣的道理，顧客也會。每次你在要求成交的時候，客戶就一直拖一直拖，一下子說明天，又說後天，或是說他改天再主動找你。遇到這種人，該怎麼辦呢？

重複強調一個危急的理由，迫使他立刻下決定。例如人的日用品，衣食住行娛樂，是馬上要去買的，為什麼？因為是必需品，不買就可能無法正常生活。

為什麼你賣的產品，客戶不會馬上買？因為不是必需品，所以沒有急迫性。因此你要去創造一個急迫的理由，重複告訴客戶說再不買，可能就會有什麼損失，再不買可能就會有什麼壞處。你一再地強調，他的拖延就會被你解決，因為人都是不見棺材不掉淚，不到黃河不死心。每個人都有牙齒方面的小毛病，但為什麼不是每個人都去看牙醫？因為還不到最後關頭。所以你的工作就是重複強調那個最後關頭已經到了，假如你不能這樣做到的話，客戶當然會想要拖延。

創造一個危急又緊迫的理由，動動腦筋，看看你可以用哪些方法。這是銷售當中很重要的一個原則，給他一個危急的理由——「不買明天我們可能缺貨」、「不買明天我們可能會調價」不買可能會對客戶有什麼壞處跟痛苦，你都要告訴他。

技巧之七：
區別價格和價值

顧客如果老是說：「真的太貴了，實在太貴了」，他們對價格這麼敏感，怎麼辦呢？

也許你已經發現，在這套訓練當中筆者所教的解除抗拒或成交。常常都是聚焦在解決價錢的問題。是的，價錢問題就是全世界最大的問題。大多數人在交易當中遇到無法解決的問題，有80％都是價錢問題。換句話說，不會解決錢的問題的業務員無法賺大錢，永遠只能賣便宜產品。

你今天如果學會了我們這一套訓練當中的重點，就是不斷地提醒你錢的問題。你要會利用價值法，讓你的客戶知道高品質能為他帶來更大的利益。或者是代價法，讓你的客戶知道若是不買這個產品他將付出的代價與損失。我相信很多產品都可以使用我剛剛所教的這兩個原則去發展出一套銷售策略的。

那麼，現在就再教各位兩句簡單實用又有效的話。

第一句話，顧客一說「太貴了！」你就說：「**您是指價格還是價值啊？**」你馬上問是指價格還是價值，顧客一定會先愣住，不明白你怎麼會問他這麼奇怪的問題？客戶回答是價格貴啊。「您是指價格貴啊。那您沒有看到價值嗎？讓我來跟您解釋一下什麼叫價值。」你刻意問這一句話來提醒他，其實是想告訴他是價值貴而不是價格貴。如果價值貴那不就太好

了，客戶一定馬上就購買才對。

　　或者你也可以問他：「太貴了，您是指價格還是指代價？」他一定聽不懂什麼價格、代價的？你就可以跟客戶解釋：「價格是你買這個產品暫時所投資的金錢，而代價卻是你沒有買這個產品長期所要付出的代價跟遭受的損失。」如果客戶真的嫌貴，就讓他看看代價有多貴。「如果你沒有買這個產品的話，……」等於你是在提醒他，用這句話作為開場白，可以提醒客戶什麼叫代價，是指價格貴還是價值貴，提醒客戶什麼叫價值：「價格是您暫時買它所要投資的錢，價值是您一輩子能獲得的利益，讓我來幫您算一算，這個產品一輩子能獲得的利益吧？」這不就打開了一個話匣子去談產品的價值有多大，所以你要問客戶：「您是指價格貴，還是價值貴？」或是「您是指價格貴，還是代價貴？」

　　接下來第二句話，你可以說：「**您真正關心的是它的價格還是價值呢？**」這一句話與前面那一句話也是一樣的道理，打開一個話匣子，讓他去思考什麼是價格什麼是價值。如果客戶不思考，你也可以借這一句話，往下去解釋什麼是價值。「價值是您買它所能帶來長期的利益，價格只是您一時要付出的金錢，代價是指您不買這個產品所要長期付出的損失，而您到底在意、擔心哪一個呢？」你打開那個話匣子去說明價值與代價的關係，讓客戶去計算、讓他思考。反問並且引導出一個思路，讓他的觀念被改變。

技巧之八：

情境成交法

什麼叫情境成交法？就是把顧客帶入一個情境，讓顧客進入情境之後，讓他的感受和想法被改變，於是你就能夠成交。所以你一定要當一個說故事的高手，把故事中的主角變成顧客，並且要讓他進入這個角色。你要讓顧客當這個故事的主角，讓他體驗一下這個故事，也就是我說的情境成交法。

有一個銷售保險的業務冠軍，他每次在顧客不願意購買的時候，或者是嫌貴、有反對意見的時候，就使用情境成交法。他是這樣說的──

「××先生，您知道嗎？有一位仁兄，他嫌保險費太貴了，結果保險公司有一天就提出了一個方案，他跟這個嫌貴的客戶講，我們推出了一個29天保單。什麼叫29天保單呢？也就是說這個保費從今以後只需要付一半的保費，享受的保障額度與種種的福利待遇與30天保單一模一樣。」這位客戶一聽，有這種便宜可以占，於是很開心地繼續看這個保單的內容，但是這保單裡面只有一條跟一般的保險條款不一樣，保險公司說一個月30天，30天中只給29天的保障，其中必須選一天是沒有保障的。他要這位客戶自己選：「您願意讓一個月當中的哪一天沒有保障？您只要選定了這一天，就可以用一半的保費，投保這個保險，並且其他的理賠額度、保障額度是一模一樣。」你想想看這位仁兄，他到底是選哪一天呢？

他想來想去，是選1日還是2日，是選10日還是5日好，是選30日好，還是29日好？怎麼樣都覺得不對，一個月要選出哪一天實在太難了，為什麼？因為萬一選的那一天正巧發生了什麼意外，那他的保費不都白繳了？他選不出來。這名業務冠軍於是問他的客戶：「換作是你，你選得出來嗎？」

當業務冠軍問完之後，顧客進入角色了，於是他說：「我也選不出來。」於是業務冠軍就繼續說故事：「保險公司當時就對這個客戶講，你這麼計較你所花的每一分錢，想要跟我們講價，但是我想請問你，你連一天沒保障你都不願意，你怎麼可以一生沒保障呢？你連一個月當中一天你都不願意冒那個風險，不願意承擔那個萬一，你又怎麼能不買我們的保險，讓你處於更大的危險當中。您說這個保險公司老闆講的有沒有道理？」

「有道理，有道理。」

「同樣的您願意讓您一個月當中的哪一天沒有保障呢？」

這位客戶一聽，「不好意思，一天也不願意。」

「所以下決定吧，當您填妥了我們的保單之後，您就擁有了一年365天終生的保障。」

你也可以說個故事把顧客帶入一個情境。

「有一位婦女的小孩有一天走在路上被車撞了，這位媽媽立即把小孩子抱起來，一看頭顱出血，換作你是這個媽媽你會怎麼做？」

「趕快送醫院。」

「送了醫院之後立即進入急診室，突然醫生跑出來說，顱內大量出

血，三個小時內必須動手術，假如不動手術的話可能會失血過多而死。如果你是他媽媽的話，請問動不動手術？」

「當然動啊。」

「醫生說手術費要兩萬元，如果你沒錢，怎麼辦？」

「去借啊。」

「如果這位媽媽沒錢，會不會去借？」

「當然會啊。」

「如果這位媽媽沒錢會去借的話，請問一下她是想救她兒子，還是非救不可？」

「當然是非救不可。」

「所以，她是非救不可。那麼，您是想要賺錢還是非要賺錢不可？您是想要成為富人，還是非要成為富人不可，如果只是想，是沒有用的，如果是非要成為富人不可的話，您就會下定決心，排除藉口。您想這位媽媽會不會說我是女人，我借不到，現在太晚了，我借不到，能不能等明天再去借到？會嗎？」

「不會。」

「這位媽媽會怎麼說？她一定會說醫生您放心，我馬上去借，一定借到錢，請您一定要救救我兒子。請問一下，此時這位媽媽的決心強不強？」

「強啊。」

「請問您是想要成為富人，所以才要學創富教育對不對？」

「對。」

「你要成為富人的決心強不強？如果強的話，請問錢是問題嗎？你會有藉口嗎？

「不會。」

我分享的故事是事實，我講的全是真的，正在讀這本書的朋友，如果我舉的這個例子，也正好打中你內心的話，你想想看你是「想要致富」，還是「非要致富不可」？如果你是非要致富不可的話，你應該要下定決心做出承諾，排除藉口去得到你要得到的一切才對，你說是不是？我不是叫你要來當我的顧客，參加我的培訓課程，我是教你要排除藉口，去追尋你的夢想去致富。因為夢想很偉大，但藉口更偉大，當有夢想同時又有藉口的時候，藉口一定會戰勝你的夢想。

下定決心做出承諾排除藉口，去得到你所要得到的一切，包括創業，包括來上我的創富教育課程，更包括去拿下你要去爭取的顧客。

讀者朋友可以練習一下說故事成交法。你可以練習我剛剛講的29天的保險故事，也可以練習媽媽借錢替小孩動手術的故事，或者你行業當中有很經典、很棒的真實故事，你也可以去練習一下。

當你對著鏡子說完三個故事，你比沒講之前又更進一步了。記住肌肉是練出來的，曼妙的舞姿是跳出來的，悠揚的琴聲是彈出來的，同樣的，銷售的口才也是問出來的，說故事的能力也是說出來的。

技巧之九：
富蘭克林成交法

什麼叫「富蘭克林成交法」？這是我所學過的全世界最有名的一個成交技巧。為什麼？因為富蘭克林是美國最偉大的人物，他每次在下不了決定的時候，他都會拿一張白紙，他會在白紙中間畫一條線，畫完一條線之後，左邊寫要做這件事的理由，右邊寫不要做這件事的理由。在列完所有正面的理由後，又列出負面的理由，最後富蘭克林只要攤開這張紙，看看到底是正面多還是負面多，如果正面理由大於負面理由，他就行動，如果負面理由大於正面，則不行動。

富蘭克林下不了決心的時候，就用這個方法。所以如果你的顧客下了不決心的時候，你就對他說：「X先生，富蘭克林是世界偉人，是美國最尊貴、偉大的領袖之一，你知道富蘭克林在他下不了決定的時候是怎麼做的嗎？富蘭克林會拿出一張紙把它對摺成兩部分，現在我們同樣也拿出白紙來把它對摺成兩部分，這邊我們寫下你應該買這個產品的理由，這邊寫下不該買這個產品的理由，讓我們把它列出來吧。

為什麼你應該買這個產品？好處是——

第一，它可以幫你省錢；

第二，它可以幫你賺錢；

第三，你學會它以後，你可以持續將來成為富人一生的技巧都有

了；

第四，你可以如何如何；

第五，你可以如何如何；

第六，你可以如何如何；

第七，你可以變銷售冠軍；

第八，你可以成為下一個演講家；

第九，你可以像我一樣，成為口才非常好的一個銷售高手；

第十，你可以賺到更多錢；

第十一，你可以買到心愛的房子；

第十二，你可以買到中意的車子；

第十三，你可以追到夢中情人；

第十四，你可以成為企業家；

第十五，你可以學會世界大師的技巧；

第十六，你可以如何如何……

所以你看你多麼需要上我們的銷售課程，你多麼需要讀我們的這套成交培訓教材。那麼當然了，我們做人必須公正客觀。現在請你告訴我你有什麼不買的理由吧。」

他如果說太貴了，你就寫上太貴。還有呢？他說一個你寫一個，他不可以不說，因為你必須保持客觀公正地讓他盡情表達。

說，寫，繼續說，寫。但是你可別幫客戶說，客戶說你寫，你也可以引導他說你寫，因為他說不了太多負面理由，只要翻開來，一看正面理由大於負面，那你就成交了。

　　你幫他說一兩個可以、說三四個可以、說四五個可以、說六七個也可以，但是最後的結果，不會大於之前你幫他列出的正面理由的。於是你說：「××先生，相信你看到我們已經為你做出了完美的判斷分析了，相信你會滿意你自己為自己所做出的決定，是不是？」因為正面理由多於負面理由，所以很自然地應該要成交了。

　　你幫顧客拿出一張白紙分成二分法，理清正面理由與負面理由，於是只要正面比負面多你就可以成交。你要善於說出多一點正面，然後讓他說負面，只要負面理由不夠多的話，通常就可以取得這筆訂單。

　　現在假設你對面的同事或朋友是你的顧客，請用富蘭克林成交法對他嘗試進行一遍，由你主導列出了所有正面理由，然後讓他列出負面理由，試一試，效果很不錯的。

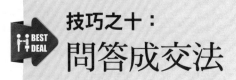

技巧之十：
問答成交法

前文已不斷地告訴大家銷售是用問的，成交也是用問的，所以最後一個問答成交法，就是要教你發問的一些問題，只要你得到答案就可以成交了。這個道理大家都懂，這裡最重要的就是要給你很多實在的案例，給你很多銷售的問句，讓你能夠在這些大量的案例中，來了解到你真正需要什麼。

現在我們就來練習有哪些問句，這個是我在各行各業的培訓當中整理出來的一些問句。我隨便舉15個問句來讓大家理解，什麼叫做──問答成交法。

第一句，如果你是賣機器的、賣電腦的，你可以這樣問你的客戶：**「如果這種性能是這部電腦絕無僅有的，你不覺得擁有它非常值得嗎？」**只要顧客回應說「是」就表示已經成交了，你不需要再問他要不要買。

第二句「當我們安裝這套設備的時候，你需不需要我為你示範一次主要的性能呢？」不管顧客是回答要，還是不要，你都成交了。他如果說不需要，那表示不需要你去為他示範主要的性能，但也表示了你可以去替他安裝設備了。他如果說需要，表示你要為他示範一次主要性能，同時也表示你可以去安裝了。所以前面這句：「我為你安裝這個設備的時候」是一個主要的成交決定，後面接「需不需要我為您示範主要的性能」不管客

戶回答YES或NO，表示前面這個安裝設備是客戶已經同意跟肯定了。

這是假設成交的一個小小示範而已，不是說你在見到顧客，直接問這句話就可以成交。你前面該做的還是要做，銷售的步驟、成交的每個環節若是漏做了，直接問這句話也不一定會有效。

例如你是賣化妝品的，你可以說，「當我為妳送貨的時候，妳需不需要我為妳再講解一次化妝流程與技巧？」她如果說要，表示她答應你可以送貨了。不要，則表示她同意前面那句可以送貨了，只是不需要你去做示範而已。這個方法實在是可以套用到各行各業的。

第三句話，「你希望馬上送達，或者等到這禮拜你有空的時候再送呢？」 例如你賣這個產品，你講解了半天了多少錢，抗拒你也解決了，最後你覺得該成交了，你就可以來一句：「那好吧，不耽誤你的時間了，你希望馬上送到家，還是等到這禮拜你有空的時候我們再送？」他不管回答哪一個都表示成交了。就是不要問他：「決定好了沒有？」「要不要買？」那是愚蠢的問題。

第四句話，「如果我們定出對你的財務最有利的條件，我們是不是可以算成交了？」 這句話是一種套牢型的反問，如果客戶說：「是的」你只需要定出對他財務上面最有利的條件，他就會跟你成交了。這是一個條件句，也是一個測試成交的方法。

測試成交也就是說，如果我能做到什麼的話，我們是不是就可以成交？他的答案只有兩個，一個YES，一個NO，如果NO的話，表示他不是在意財務條件的問題，不是付款方式的問題，不是錢方面的問題，是別的問題。如果他說NO，你也不需要再往下走了，你反而要再去找出他真

正關心的條件。

「如果我們能定出對你最有利的付款條件的話，你是不是就能跟我合作呢？」假如他說是，就表示你已經測試成交成功了。測試成功之後，要怎麼做呢？只要你定好方案，並說：「你看，這付款條件對你夠好吧，對你夠優惠了吧，我們接下來什麼時候簽合約呢？」如果他表示NO，對你也是有好處的，因為你不用往下成交，你可以再另外去找到他的問題點。如果他表示YES，也是對你有好處的，因為你只要把條件完成了，自然就可以成交了。

第五句話，「你下訂單的時候還需不需要和別人商量？」這個問句表示你相信客戶會下訂單，只是你想問他要不要和別人商量，如果他說不用和別人商量，表示他有決定權，你可以繼續往下討論訂單問題。若他說要和別人商量，表示他是沒決定權，那麼怎麼辦呢？你要說：「好，那我們先把訂單填好，我們再去找你的老闆。」或者是說：「那你對這個產品認可嗎？你對這個訂單認可嗎？你認可我們公司或服務嗎？」、「如果你願意向別人推薦我的產品，那我們去找你老闆的時候我來跟他說明產品，也請你幫我在他面前要推薦一下。」（請參閱要和別人商量商量的那一篇章，P186）。

你下訂單的時候還需不需要和別人商量？這一句問句是問出他有沒有決定權，在成交階段之前可以問，在一開始銷售時更應該問，要不然客戶沒決定權，你費了那麼多心思在他身上也是沒用，所以你可以在雙方談產品的時候、談合作的時候，一開始就先問了。「如果我們要簽約的時候，你還需要和別人商量、商量嗎？」間接判斷他有沒有決策權。

第六句話，「**你要自行付款還是要我們幫你安排銀行貸款？**」這句話房地產銷售商常常使用。例如，我去買房子的時候，看完建案，看完附近的格局，看完樣品屋，談完價格，了解每坪多少價錢？房仲員問我喜歡哪一棟樓？也不問我要不要買，他是直接說：「你是要自行安排呢，還是要我們幫你安排貸款的事情？」你看這句話多厲害，如果我說自行安排的話，他也是可以要求我直接簽約，什麼時候來付訂金，今天付多少訂金。如果我說要麻煩他們安排，他馬上可以找幫忙辦貸款的人來，然後約好我們什麼時候去找銀行洽談，接著他就開始安排相關的簽約手續，完成之後就要我付訂金了。他這句話一問出來，不管我怎麼回答都可以成交。

「問答成交法」的15個問句，是我特地在這十多句當中準備了各行各業不同的問句，可能有保健品，可能有賣機器設備，可能有賣房地產，可能有賣培訓課程的，可能有賣服裝的，目的就是希望各位不斷地聽這些案例，能徹底搞懂這原理，它一定會有適合你行業的原理在裡面或者適合你行業的案例在裡面的。

第七句話，「**你希望首付多一點，還是以後房貸比較輕鬆，還是希望首付少一點以後每月房貸比例加重？**」不管答案選哪一個，也都是成交了，這是房地產的銷售案例。

第八句話，「**你比較喜歡紅色還是黑色？**」賣衣服的也可以講，賣任何的產品包裝都可以這樣講，顧客不管是選紅色或黑色都代表成交了。

第九句話，「**你希望我們用貨運寄送還是空運寄送？**」看到沒有，不要跟他討論要不要買，跟他討論買之後的售後問題，他只要選其中一個答案都算是買了。不是一開始就問，而是最後到成交階段，該談的談完了

時來一句：「你希望到時候用貨運寄送還是空運寄送？」他不管是說貨運還是航空，你都要記錄下來，接下來再說：「好吧，那我記一下送貨地址。」「好吧，我現在收一下這個貨款，請問是付現金還是刷卡？」你的公司一定也可以運用這個方法的。

第十句話，「**你希望土地要登記在你的名下，還是在尊夫人的名下？**」如果你是賣不動產的業務員，直接在成交階段來這一句話，只要他回答是登記在誰名下，都表示這塊土地他是要買了，不要問他要不要買，再次強調。

第十一句話，「**你希望買在高爾夫球場旁邊，還是買在湖邊？**」如果你是銷售別墅的房仲員，你問客戶是要買在高爾夫球場旁邊還是湖邊？你就只需要把客戶當作是要買的人、準備成交的顧客在對話，再辦手續就可以了。

第十二句話，「**你會不會覺得那盞燈太亮了？其實如果少了那幾盞大燈，改用重點照明的話，不但效果好，而且更省電，同時屋裡感覺更溫馨。**」客戶這時回應：「有道理」，就表示這個房子他可能要買。所以，你不要跟他談要不要買這個房子，你不要問他任何的問題，你要跟客戶討論：「你覺不覺得屋頂那盞大燈太亮了？」「假如屋頂不要那盞大燈，改成重點照明的話，我覺得效果會更好而且省電，同時屋裡感覺更溫馨，你說呢？」他說：「我也覺得」這就表示他已經投入了這個對話當中，表示他認為他是這個家的主人了，表示這個家的裝修他已經提供意見了，那麼，他要買，還是不買呢？當然是要買了。你只需要把眼前的這個客戶當作是要買的人和他談一些成交後的細節，就可以了。

第十三句話，「你覺不覺得花錢買耐用的設備，才是一勞永逸的方法？」因為這句話的答案是很顯而易見的，大家都會答：「是的。」所以，這樣之後就沒有什麼價格的問題了，嫌貴的問題已經在這個地方用一句問句就解決了。

這一句問句的功效，是為了預防客戶嫌價格太貴而事先先問出來。「您覺不覺得花錢買耐用的設備才是一勞永逸的方法？」等於是在暗示客戶我們的價格雖然高卻很是耐用，我們不需要再為次級品付出更多的代價，否則的話到時候會花更多的冤枉錢。要買就要買最好的，最好的就是最便宜的，表面上看起來好像貴，實際上分攤到長期耐用的使用期間來看的話，每一次的使用成本反而是更低的。一句問句就把這麼複雜的一個說法給解決了，所以說問答成交法就是——問、問、問。

接下來第十四句話，「你能不能告訴我你能承受的風險程度有多高？」例如你在幫客戶做理財投資，例如你要人家投資你的理財產品，所以你不要問他：「你要不要跟我合作，你願不願意選擇我為你服務？」你可以問他說：「請告訴我，你能承受的風險程度有多高？我來幫你選擇。」他告訴你了，等於是他願意把他的投資交給你打理，願意把他的錢交給你操作，等於他已經把自己視為你的顧客，在跟你溝通、在告訴你他的需求了，所以你直接根據他能接受風險的程度，去為他推薦：「這個應該蠻適合你的。」談話過程中，就是先把準顧客變成是已成交的顧客來對話，於是對話久了他就變成你的顧客了。

如果你是賣投資型產品的業務員，還有一句問句，第十五句，「你希望採取激進一點，還是保守一點的做法？」看到沒有，當對方都還沒有

變成你的客戶時，你就把他當作是顧客一樣：「我想知道，幫你投資的時候要怎麼做，所以請告訴我，你是比較喜歡保守一點的，還是比較激進一點的方法。」不管對方怎麼回答，你都把他視為你的顧客一樣，希望對方告訴你他的投資理念了。所以你在幫他做投資的時候，就已經掌握了對方的需求了，這是成交之後一般才會談的問題，但你提早在推銷中間就開始，所以這也是一種假設成交法。

　　以上我們與讀者分享的問句只有15句，但是事實上世界上有著150句、1500句、15000句，都源自於同樣的原理，我舉這些不同行業的不同句型問句，是希望讓每一個人都能從中找到適用於自己的，都能從大量的案例當中更了解其中的道理。

　　親愛的讀者，這一套訓練到目前為止你已經學到了許多，這是我十多年來寶貴的必殺絕技，可以說是世界上各行各業偉大的銷售專家他們每天都在用的方法，不管是多麼寶貴的東西，現在只要你去練習、去套用，就全都變成是你的了。去練、去寫、去記，去轉換成你公司的問句，然後走出去，把話說出去，把錢收回來。把話說出去把錢收回來，就是這一套訓練所要帶給你的最終結果。

成功良品 72

絕對成交

創見文化 · 智慧的銳眼

本書採減碳印製流程
並使用優質中性紙
（Acid & Alkali Free）
最符環保需求。

作者／杜云生
總策畫／杜云安
總編輯／歐綾纖
文字編輯／蔡靜怡
美術設計／蔡億盈

郵撥帳號／50017206 采舍國際有限公司（郵撥購買，請另付一成郵資）
台灣出版中心／新北市中和區中山路2段366巷10號10樓
電話／（02）2248-7896　　　　　傳真／（02）2248-7758
ISBN／978-986-271-495-9
出版日期／2018年8月8版32刷

全球華文市場總代理／采舍國際有限公司
地址／新北市中和區中山路2段366巷10號3樓
電話／（02）8245-8786　　　　　傳真／（02）8245-8718

全系列書系特約展示
新絲路網路書店
地址／新北市中和區中山路2段366巷10號10樓
電話／（02）8245-9896
網址／www.silkbook.com
創見文化 **facebook** http://www.facebook.com/successbooks

本書於兩岸之行銷（營銷）活動悉由采舍國際公司圖書行銷部規畫執行。